ABHANDLUNGEN DER DEUTSCHEN AKADEMIE
DER WISSENSCHAFTEN ZU BERLIN

Klasse für Chemie, Geologie und Biologie

Jahrgang 1959 Nr. 8

KLAUS RAUKOPF

POLLENANALYTISCHE UNTERSUCHUNGEN ZUR FEINSTRATIGRAPHIE DER TERTIÄRKOHLEN VON MECKLENBURG, BERLIN UND DER LAUSITZ

Mit 5 Tafeln und 2 Profilen

AKADEMIE-VERLAG · BERLIN

1959

Vorgelegt von Herrn NOACK in der Klassensitzung vom 9. April 1959
Zum Druck genehmigt am gleichen Tage, ausgegeben am 21. August 1959

Erschienen im Akademie-Verlag GmbH, Berlin W 1, Leipziger Straße 3—4

Lizenz-Nr. 202 · 100/755/59
Satz, Druck und Bindung: IV/2/14 · VEB Werkdruck Gräfenhainichen · 1129
Bestellnummer: 2001/59/II/8
Preis: DM 6,–
Printed in Germany
ES 18 F 4

Die Anregung zu der vorliegenden Arbeit gab F. THIERGART. Die Aufgabe erschien besonders interessant, da bisher weder die Berliner Kohlen, noch das Mallisser Unterflöz pollenanalytisch untersucht worden sind. Es lag daher nahe, diese beiden Lagerstätten mit den bereits bekannten Lausitzer Flözen zu vergleichen.

Es ergab sich dann auch eine zeitgleiche Ablagerung an der Oberoligozän-Miozängrenze. Die in verschiedenen Schichten vorkommenden, wahrscheinlich planktonischen Hystrichosphärideen sind hier, um den Rahmen der Arbeit nicht zu sprengen, allgemein unberücksichtigt geblieben, obwohl sich bei näherer Bearbeitung sicher einige interessante stratigraphische Hinweise ergeben würden.

In der Nomenklatur habe ich mich im allgemeinen an die bekannten Namen, und in der Reihenfolge an das ENGLERsche System gehalten. Zwar ist in jüngster Zeit von P. W. THOMSON und H. PFLUG der Versuch unternommen worden, die vielen Formen in einem künstlichen System zu ordnen; da jedoch angenommen werden muß, daß die Namen der Formgattungen und Spezies nach THOMSON & PFLUG noch kein Allgemeingut geworden sind, habe ich, um Schwierigkeiten vorzubeugen, in der vorliegenden Arbeit nach Möglichkeit die international bekannten Ordnungs-, Familien- und Gattungsnamen beibehalten, der Vollständigkeit halber die des künstlichen Systems – eingeklammert – beigefügt.

Aufbereitung der Proben

Das vorliegende Untersuchungsmaterial war zum größten Teil, besonders die Kohlen aus den Bohrungen im Stadtgebiet von Berlin, stark sandhaltig. Es mußte daher zusätzlich fraktioniert werden. Der Aufschluß der Proben erfolgte nach der von den meisten Autoren benutzten Methode mit 64%iger Salpetersäure. Danach wurde mit konzentriertem Ammoniak alkalisiert und zentrifugiert. Der Rückstand ist anschließend mehrmals mit Wasser ausgewaschen worden. Meist bestand dieser nahezu völlig aus Sanden verschiedener Korngröße mit nur geringen Beimischungen pflanzlicher Natur, die sich dann als dünner Belag an der Oberfläche angesammelt hatten. In solchem Falle wurde diese Schicht mit ein paar Tropfen Wasser vorsichtig aufgeschwemmt, abgegossen und gesammelt, bis eine lohnend erscheinende sandfreie Substanzmenge vorlag. Aus dieser konnten dann nach Zusatz von Glycerin-Gelatine und einem Tropfen verdünnter Fuchsinlösung als Anfärbemittel die Präparate gefertigt werden.

Beschaffenheit der Profile

Zunächst ist zu bemerken, daß die Proben in Malliss dem Anstehenden entnommen sind. Die Proben von Berlin hingegen sind ebenso wie die aus Jahmen/Lausitz Spülproben.

Es hat sich gezeigt, daß es für die im Rahmen dieser Arbeit gestellte Aufgabe unerheblich ist, ob Proben aus Spülproben oder Kernbohrungen vorliegen, oder ob sie dem Stoß direkt entnommen sind. Die Fragestellung für diese Arbeit war, feinstratigraphisch nachzuweisen, ob alttertiäre Elemente vorkommen und ob die gleichen Elemente in der Lausitz, in Berlin und in Mecklenburg nachgewiesen werden können. Ferner sollte bestimmt werden, ob Differenzen rein ökologischer Natur oder altersmäßig bedingt waren.

Bei Spülproben besteht allerdings immer die Gefahr, daß tiefere Proben durch Elemente aus höheren Schichten verunreinigt sein können. Da das umgekehrt seltener der Fall ist, dürften die eventuellen Verunreinigungen für die vorliegende Arbeit kaum störend ins Gewicht fallen.

Die Proben von Malliss wurden z. T. nach die Beschaffenheit der Kohlen betreffenden Gesichtspunkten entnommen (Profil B). Das Profil A und die Lausitzer Proben wurden hingegen in bestimmten Abständen, ohne Rücksicht auf die Kohlenbeschaffenheit, entnommen. Ebenso erfolgte die Entnahme in Berlin, wobei jedoch zu bemerken ist, daß mir hier nur die kohlenführenden Schichten zur Untersuchung zur Verfügung standen, woraus sich auch die verschiedenen Abstände und Lücken erklären, die das Berliner Diagramm unterbrechen.

Die Profile von Malliss/Mecklenburg

Die Eigenheiten beider Maliss-Profile (A und B) lassen den Schluß völliger Übereinstimmung ihrer Ablagerungszeiten zu.

Die Lagen A 4/A 5 zeigen wie B 1/B 2 einen starken Cupressaceen/Taxaceen-Vorstoß, gleichzeitig zeichnet sich ein Maximum der Taxaceen/Taxodiaceen ab. Parallel dazu kann ein Absinken der *Henrici*- und *Rhus*-Formen sowie der Ericaceen festgestellt werden.

Zum Hangenden erfolgt zusammen mit dem Rückgang der Cupressaceen/Taxaceen ein Anstieg der Feuchtbodengewächse (*Henrici*-, *Microhenrici*-, *Myrica*- und *Rhus*-Formen) in der Tiefe A 6/A 7 und B 3/B 4. Während das Myricaceen-Maximum in A 6 und B 3 liegt, wo die *Rhus*-Typen noch im Ansteigen begriffen sind, finden letztere zusammen mit den Nyssaceen ihre Höhepunkte in A 7 und B 4.

Die daraus resultierende Vermoorung kann ebenfalls an dem Auftauchen von *Sphagnum* abgelesen werden.

Interessant, wenn auch nicht mehr vergleichend-stratigraphisch auswertbar, da Vergleichsproben unterhalb der Lage B 1 nicht beschafft werden konnten, ist der in A 3 sporadisch auftauchende *Liquidambar*-Palmen-Horizont (25% : 37%), in dem alle anderen Formen bis auf *Nyssa* und die Ulmaceen ihr Minimum finden.

Einem Vorstoß der quercoiden Formen in A 7 und B 4 läuft ein Zurückdrängen der Coniferen und Myricaceen parallel. Umgekehrt resultiert aus dem Anstieg der beiden zuletzt genannten (A 8 bis A 9 und B 4 bis B 7) ein Abstieg der *Quercus*-Typen.

Frühere Einzelproben aus dem Mallisser Oberflöz, die Thomson und Thiergart bearbeitet hatten, zeigen starke pollenfloristische Differenzen gegenüber den beiden mir vorliegenden Unterflözprofilen. Diese dem Oberflöz entstammenden Proben lassen vermuten, daß das Flöz kurz nach der mittelmiozänen Meerestransgression abgelagert ist.

Östlich von Malliss treten Septarientone und glaukonitische Sande zutage, so daß der Verdacht bestand, daß das Unterflöz wesentlich früher abgelagert ist und wahrscheinlich parallel mit dem Lausitzer Unterflöz und gewissen Berliner Braunkohlenschichten. Die Floren der untersuchten Berliner Schichten stimmen mit den Mecklenburger Unterflözfloren gut überein, während das Lausitzer Unterflöz (jetzt: Mittelflöz genannt) eine völlig veränderte Flora zeigt. Es muß aber angenommen werden, daß dafür ökologische Gründe vorlagen (Meeresnähe!).

Den Hauptanteil der Pollen in den kohlenführenden Schichten des Unterflözes von Malliss und der Berliner Profile entfallen auf die Cupressaceen/Taxaceen-Gruppe, während im Lausitzer Mittelflöz die *Pinus*-Gattungen die Hauptrolle spielen. Der Dicotylenanteil schwankt und dürfte im Norden am größten sein.

Die hier untersuchten Proben wurden uns vor Jahren von Herrn Prof. Dr. KÜHNE übergeben. Leider war es nicht möglich, ein vollständiges Vergleichsprofil aus demselben Feldteil zu erhalten, da dieser inzwischen abgebaut worden ist.

Beide Profile (A und B) wurden, wie schon eingangs erwähnt, dem Anstehenden entnommen und zwar in folgenden Lagen:

Profil A: Vierte Zwischensohle g. N. im Unterflöz des Malliss-Schachtfeldes

1. Letten unmittelbar unter dem Liegenden des Unterflözes
2. Kohle am Liegenden des Unterflözes
3. ,, 25 cm über dem Liegenden des Unterflözes
4. ,, 50 cm ,, ,, ,, ,, ,,
5. ,, 75 cm ,, ,, ,, ,, ,,
6. ,, 1,00 m ,, ,, ,, ,, ,,
7. ,, 1,25 m ,, ,, ,, ,, ,,
8. ,, 1,50 m ,, ,, ,, ,, ,,
9. ,, 1,75 m ,, ,, ,, ,, ,,
10. ,, 2,00 m ,, ,, ,, ,, ,,
11. ,, 2,30 m ,, ,, ,, ,, ,,
12. Sand aus dem Hangenden des Unterflözes

Profil B: Schwebende g. O. zwischen der 3. und 4. Sohle des Malliss-Schachtfeldes.

1. Kohle mit Sand 40 cm über dem Liegenden des Unterflözes.
2. Schmierkohle und Dolomit 50 cm über dem Liegenden des Unterflözes
3. Dolomit 60 cm ,, ,, ,, ,, ,,
4. Schmierkohle 1,00 m ,, ,, ,, ,, ,,
5. Reine Kohle 1,40 m ,, ,, ,, ,, ,,
6. Reine Kohle mit Sand 1,60 m ,, ,, ,, ,, ,,
7. Reine Kohle 1,80 m ,, ,, ,, ,, ,,

(30 cm unter dem Hangenden waren abgebaut, eine Probe konnte nicht entnommen werden).

Um ein einheitliches Bild im Diagramm zu bekommen, wurden die Profile so eingetragen, daß die jüngsten Schichten jeweils oben zu finden sind.

Das Profil A hat an der untersuchten Stelle eine Mächtigkeit von 2,30 m. Das Profil B entspricht, was einerseits aus der geologischen Beschaffenheit hervorgeht, andererseits durch die Pollenanalyse bewiesen worden ist, zeitlich dem Profil A und ist als Ausläufer desselben anzusehen.

Die Berliner Profile

Aus Berlin lagen eine Anzahl Spülproben von insgesamt sechs Bohrungen im Bezirk Reinickendorf vor. Es soll im folgenden der Versuch unternommen werden, die Proben untereinander zu vergleichen und sie evtl. parallel einzuordnen.

Als durchgehende Großprofile kommen hauptsächlich die Bohrungen R 4 und R 15 in Frage, die mit ihrer Mächtigkeit von 46 bzw. 51 m eine gute Übersicht ergeben.

Der Vergleich zwischen den einzelnen Proben ist schwer durchzuführen, da die Intervalle so unterschiedlich sind, daß eine völlige Deckungsgleichheit nicht zu erreichen ist. (Es wurden nur die pflanzenführenden Schichten untersucht und die Sand- und Geröllproben unberücksichtigt gelassen). Außerdem ist infolge des hohen Sandgehaltes die Zahl des unbestimmbaren Anteils, d. h. der bis zur Unkenntlichkeit zerstörten Pollen, sehr hoch, was sich natürlich auch auf das Ergebnis der Zählungen auswirkt.

Dennoch kann man die R 4- in die R 15-Bohrung einordnen, woraus eine zeitlich übereinstimmende Ablagerung resultiert.

Ein Überhang sämtlicher Coniferen ist in R 4/42,00–50,00 und in R 15/46,00–56,00 vorhanden, während gleichzeitig die quercoiden Typen unterdrückt sind bis auf einen kleinen Ausschlag in R 4/47,50–48,00 und R 15/50,90. Die Myricaceen befinden sich in diesem Punkt im Anstieg und erreichen ein wenig tiefer ein kleines Maximum; *Castanea* und *Rhus*-Formen tauchen ebenfalls gleichzeitig dort auf. Die *Ilex*-Formen sind Durchläufer, machen aber einen Vorstoß in R 4/52,10–53,10 und R 15/59,85. Diese beiden Lagen sind ebenfalls zusammen mit ihrer Umgebung in Einklang zu bringen.

Die Profile UR I, UR II, UR V und UR VIII in R 4 oder R 15 einzuordnen, ist mit Sicherheit nicht möglich. Wahrscheinlich sind die entsprechenden Vergleichslagen dort nicht erfaßt worden.

Im folgenden Abschnitt sollen nun die Kohlen- und die Kohlenlettenschichten der Berliner Profile mit Hilfe ihres Pollengehaltes untereinander verglichen werden:

R 4

Im Profil R 4 zeichnen sich drei Kohlenschichten ab, die in den Lagen 49,70–52,10, 69,35–71,50 und 83,50–86,05 erbohrt wurden. (Vgl. Schichtenverzeichnis im Anhang). Alle drei werden von Kohlenletten überlagert, erstere liegt auch einer Kohlenlettenschicht auf, während unter den beiden anderen nur Feinsand gefunden wurde.

Das oberste Flöz besteht aus einer ausgesprochenen Pinaceenkohle mit einer quercoiden und Ericaceen-Beimischung (12% *Poll. henrici* und 7% Ericaceen). Andere Formen fehlen völlig oder sind wie *Nyssa* nur in minimaler Menge vertreten.

In der darüberliegenden Schicht, einem Gemisch aus Kohlenletten und Braunkohle, verschiebt sich das Gleichgewicht innerhalb der Coniferen zugunsten der Cupressaceen/Taxaceen und der Taxodiaceen; nur einmal ist ein ausgesprochenes Pinaceen-Maximum zu verzeichnen: wahrscheinlich ist hier ein stark kohlenhaltiges Stück erfaßt worden, denn die Kongruenz mit der eigentlichen Kohlenschicht ist verblüffend, so daß man eigentlich diese Probe dem Kohlenflöz zufügen sollte. Die Eichentypen gehen nur unwesentlich zurück, während die Myricaceen stark ansteigen. Eine rückläufige Tendenz finden wir hingegen bei den Ericaceen; die Oleaceen dagegen, die in der Kohlenschicht fehlen, erreichen hier wieder mittlere Werte.

Die unter dem Liegenden erbohrte Lettenschicht (52,10–53,30) zeigt ähnliche Verhältnisse wie die überlagernde.

Zu der Braunkohle in 69,35–71,50 ist nur soviel zu sagen, daß ihr Diagramm sich von den eben beschriebenen Kohlen nicht unterscheidet. Der Vollständigkeit halber soll noch erwähnt werden, daß hier wie dort Fusit-Horizonte vorkommen.

Ebenso gleichen sich die hier im Hangenden befindlichen Letten und die oben genannten.

In der untersten Kohlenschicht (83,50–86,05) liegen die Verhältnisse umgekehrt. Die Kohlen entsprechen in ihrer floristischen Zusammensetzung etwa den begleitenden Lettenschichten der oberen Flöze.

Die darüber lagernden Kohlenletten (75,00–83,50) gleichen wiederum den oben beschriebenen Letten.

R 15

Dieses Profil hat nur eine kohlenführende Schicht (58,40–59,65), über- und unterlagert von Kohlenletten, die von mehr oder weniger mächtigen Sandlagen durchzogen werden.

Das Kohlenflöz ergab das pollenanalytische Bild einer *Quercus*-Coniferen-Mischkohle mit deutlichen Vorstößen von *Poll. henrici* R. POT. sowie der *Pinus- silvestris*-Formen. Diese Kohlenzone enthält außerdem viel Fusit und Pilzreste aller Art.

In der obersten Lettenschicht (22,80–31,50), die auf einer, von einer dünnen Gerölldecke überlagerten, Feinsandschicht aufliegt, fällt ein starker Vorstoß der Cupressaceen/Taxaceen auf, die zum jüngeren Teil hin auf ein Minimum zustreben. Umgekehrt verhalten sich *Poll. henrici*, die kleinen quercoiden Typen, *Myrica*, *Engelhardtia* und *Castanea*.

Den Kohlen liegt hier direkt eine Lettendecke auf, die bis 37,80 m hinaufreicht (37,80 bis 58,40). Ein zusammenhängendes Bild der Verhältnisse innerhalb der Letten kann jedoch nur im Bereich von 44,50 bis 58,40 m entstehen, weil darüber mehrere Störungen durch reine Sandschichten auftreten, die, werden sie mit Letten gemischt erfaßt, infolge ihres geringen Pollengehaltes das Bild verwischen und Irrtümer entstehen lassen. Diese reinen Sandschichten wurden deshalb im Diagramm fortgelassen. Es werden demnach hier nur die reinen Kohlenletten zum Vergleich herangezogen. – In der Pollenflora dieser Letten haben die Coniferen, insbesondere die ungeflügelten Pollen – *Sciadopitys* inbegriffen – die Oberhand, während alle anderen Gattungen eine untergeordnete Rolle spielen.

Innerhalb der unter den Kohlen liegenden Letten ist der Gehalt an geflügelten Coniferenpollen etwas größer als in den auflagernden, die Zahl der Taxaceen, Taxodiaceen, Cupressaceen und der *Sciadopitys* kleiner, der Gehalt an quercoiden Typen, in ihrer Gesamtheit betrachtet, jedoch unverändert. Die Schichten dicht unter dem Liegenden der Braunkohlen fallen durch Vorstöße von *Castanea*, *Myrica*, *Nyssa* und Ericaceen auf.

UR I

In diesem Profil wurde ein Braunkohlenflöz in der Tiefe 20,45–21,60 erbohrt. Eine dünne sandige Schicht trennt es von einer Lignitlage mit dem Ausmaß 21,85–22,90. Beide, die Kohlen- und die Lignitschicht sollen im folgenden zusammen betrachtet werden.

Das Flöz führt in der Hauptsache Pollen der Cupressaceen/Taxaceen. Diese Formen zeigen ansteigende Tendenz zum Hangenden hin. Maxima innerhalb der Kohlen erreichen auch die Ericaceen und Aquifoliaceen (*Ilex* sp.), währenddem die anderen Formtypen relativ gleichmäßig vorkommen. Auch die über den Kohlen liegende Schicht, ein Mittelsand-Kohlengemisch, fügt sich in das bestehende Bild gut ein.

Ein etwas anderes Aussehen haben dann die Kohlenletten unterhalb der beschriebenen Lage. Vom älteren zum jüngeren Teil hin erfolgt ein steter Anstieg der Cupressaceen/Taxaceen mit einem Maximum in 30,30–31,30 und einem nachfolgenden Rückgang. Parallel dazu verläuft die Kurve der Myricaceen, während die quercoiden Typen rückläufig tendieren. Ein kleiner *Castanopsis*-Ausschlag gleicht einem ebensolchen in den Kohlen. Während jedoch in den Kohlen die *Sporites* cf. *Pteridium* fehlen, wurde diese Form in allen Lettenproben dieses Profils gefunden. Alle übrigen Gattungen zeigen kein auffälliges Verhalten.

UR II

In den Braunkohlen dieser Bohrung (25,10–28,90) verteilt sich der Pollengehalt etwa gleichmäßig zwischen den Cupressaceen/Taxaceen, den *Henrici*-Typen, *Myrica*, *Ilex* und den Ericaceen. Auch *Sciadopitys* ist mit etwa 5% vertreten.

In den oberen Kohlenletten – hier wurde eine Probe im Bereich 17,50–18,50 untersucht – herrschen die Cupressaceen/Taxaceen vor, während alle anderen Formen unterdrückt werden.

Die unter den Kohlen liegende Schicht (Letten) hat hingegen ein völlig anderes Aussehen. Hier liegt ein Myricaceen-Horizont (33%) vor, der zusammen mit den Ericaceen, einem mittleren Anteil Coniferen und *Sphagnum* das Bild einer ausgesprochenen Moorflora bietet.

UR V

Mit diesem Profil sind zwei der stärksten Berliner Braunkohlenschichten erbohrt worden (23,50–26,70 und 31,20–37,60).

Das obere Flöz zeigt, vom Liegenden aus betrachtet, eine Verschiebung innerhalb der allgemein vorherrschenden Coniferen-Pollen vom Cupressaceen/Taxaceen- zum Pinaceen-Horizont; die quercoiden Typen steigen an und die Myricaceen bilden über dem Liegenden und unter dem Hangenden je einen deutlichen Horizont kurz nach einem Maximum der Nyssaceen. Über dem Liegenden wurde auch bei minimaler Coniferen-Beteiligung ein Farnhorizont gefunden, zusammen mit Myricaceen.

Im unteren Flöz herrschen dagegen ganz andere Verhältnisse. Ebenfalls vom Liegenden aus betrachtet erfolgt ein starker Anstieg der Cupressaceen/Taxaceen bis zu einem ausgesprochenen Horizont unmittelbar unter dem Hangenden mit 65%, verbunden mit einem, wenn auch schwächeren, Anwachsen der Taxodiaceen und Taxodiaceen/Taxaceen. Etwa umgekehrt verläuft die Kurve der quercoiden Typen vom Maximum über dem Liegenden (49% *Poll. henrici* und 15% *Poll. microhenrici*) bis zum Minimum unter dem Hangenden. Bis zur Mitte des Flözes steigt die Kurve der Anacardiaceen (*Rhus*-Typen) stark an, um dann abrupt abzubrechen. In beiden Horizonten – quercoide Formen über dem Liegenden und Cupressaceen unter dem Hangenden – wurde Fusit gefunden, ein Beweis dafür, daß Fusit-Horizonte nicht an eine bestimmte Pflanzengesellschaft gebunden sind.

Aus den, dem oberen Flöz aufliegenden Kohlenletten wurde eine Probe untersucht, die sich nur durch die Minderzahl an Feuchtbodengewächsen bei gleichzeitigem mittleren Coniferen-Gehalt von den Kohlenflözen unterscheidet. Auch fehlen die Pollen der japanischen Schirmtanne völlig, die in den kohlenführenden Schichten, wenn auch wenig, so aber doch vorhanden sind.

UR VIII

Die Bohrung UR VIII erfaßt zwei Braunkohlenvorkommen (28,70–29,30 und 30,50–31,70). Beiden liegen Kohlenletten auf.

Die beiden Flöze ähneln sich im allgemeinen sehr in ihrer Formenzusammensetzung. Die Differenz innerhalb der Pinaceen mag allochthon bedingt sein. Auffällige Unterschiede sind lediglich bei der Farngruppe (perisporlose Farnsporen) und bei der *Sciadopitys* festzustellen. Beide Formen bilden im oberen Flöz kleine Horizonte, im unteren fehlen sie hingegen völlig.

In der Lettenzwischenlage dominieren ebenfalls die Coniferen, allerdings ist das Gleichgewicht innerhalb dieser Reihe mehr zugunsten der Taxodiaceen/Taxaceen verschoben. Rezessiv erscheinen die Myricaceen, während die übrigen kleineren Gattungen in der Lettenschicht, von den Kohlen kommend, auszulaufen scheinen.

In ganz groben Zügen kann im Hinblick auf die Formen zusammenfassend von einer zeitgleichen Entstehung der Berliner Braunkohlen gesprochen werden.

Jahmen/Lausitz

Vom ersten Flöz lagen nur zwei Proben vor, von denen sich die jüngere von der älteren wesentlich unterscheidet. In der Tiefe 22,10–22,30 m tragen die quercoiden Typen sowie

Castanea den Hauptpollengehalt, während die Dreieckformen der Myricaceen kaum ins Gewicht fallen. In der zweiten Probe über dem Liegenden des ersten Flözes herrscht das umgekehrte Verhältnis. Gleichzeitig tritt hier auch ein kleiner Horizont perisporloser Farnsporen in Erscheinung, die weiter oben völlig zu fehlen scheinen. Die hier, wie auch in der ganzen Bohrung in relativ geringer Menge auftretenden Cupressaceen/Taxaceen dürften meist allochthon sein, weshalb sie praktisch kein Bild der grundständigen autochthonen Flora vermitteln.

Über dem Liegenden des zweiten Flözes fällt eine typische Bruchwaldflora auf: Sphagnaceen, quercoide Typen der *Henrici*- und *Microhenrici*-Gruppe, *Castanea* und Myricaceen spielen hier, bei nur mittlerer Beteiligung der Coniferen-Pollen mit Luftsäcken, die Hauptrolle. Zum Hangenden hin gehen dann die *Sphagnum*-, *Henrici*- und *Myrica*-Formen langsam zurück zugunsten der Coniferen und Taxales, deren Kurve – in der Gesamtheit gesehen – ansteigt. Alle anderen Formen zeigen als Durchläufer kein besonders auffälliges Verhalten. Höchstens wären noch die *Rhus*-Typen zu erwähnen, die etwa in der Mitte des Flözes (28,70–28,90) einen mittleren Ausschlag ergeben.

Im dritten Flöz kann unter dem Hangenden und im untersten Teil des Diagrammes je ein *Sciadopitys*-Vorstoß beobachtet werden. In der Tiefe 48,10–48,30 fällt ein starker *Pollenitis- henrici*-Horizont auf. Zum Hangenden hin steigen die geflügelten Coniferen, Myricaceen und die *Ilex*-Formen an, während die quercoiden Typen und die ungeflügelten Coniferen und Taxales gleichzeitig rückläufig tendieren.

Im Hinblick auf das Diagramm des dritten Flözes muß noch erwähnt werden, daß das Flöz nur etwa von der Mitte an erfaßt werden konnte, da keine weiteren Proben vorlagen. Dem Bohrbericht nach setzt sich die Braunkohle jedoch noch bis zur Tiefe von 53,60 m fort.

Systematische Stellung der Sporen und Pollen

Algen

Tafel 5, Abbildung 2

Als ausgesprochene Seltenheit sind Algen in den hier untersuchten Braunkohlenablagerungen anzusehen. Nur einmal konnte eine wahrscheinlich zu *Phycopeltis* (Jugendform) gehörende Form nachgewiesen werden.

Pilzreste und -sporen

Tafel 5, Abbildung 1: *Phragmothyrites eocaenicus* Edw.

Die in den untersuchten Braunkohlen auftretenden Formen entsprechen den allgemein bekannten (*Phragmothyrites eocaenicus* Edw., Mycelbruchstücke und eine Anzahl von verschiedengestaltigen Sporen). Stratigraphisch ist ihr Vorhandensein wahrscheinlich ohne Bedeutung, weshalb auch hier auf Formenunterschiede nicht weiter eingegangen werden soll. Im einzelnen verweise ich auf die Arbeit von G. Stolz (1955).

Musci

Tafel 1, Abbildung 21: *Sphagnum*

Hierher gehören die Formen der Gattung *Sphagnum* (Formgattung: *Stereisporites* Th. & Pf.). Torfmoossporen sind sowohl in Malliss als auch in Berlin und Jahmen meist nur selten vertreten. Es kommen jedoch Hochmoorhorizonte mit relativen Maxima vor.

Psilotales (?)

Tafel 5, Abbildung 10: *Sporit. ligneolus* (1000fach)
„ 5, „ 9: Übersichtsbild verkleinert.

Sporites ligneolus R. Pot. ist bisher von vielen Autoren zu dieser Ordnung gezählt worden. Die Form fand sich selten, aber doch in allen hier untersuchten Bereichen. Ihre systematische Zugehörigkeit ist noch nicht bekannt.

Lycopodiales

Tafel 1, Abbildung 23: *Lycopodium- annotinum*-Typ Rud.
„ 1, „ 18: *Reticulatisporites potoniei* Th. & Pf.

Sporen der Gattung *Lycopodium* kommen vereinzelt in fast allen Profilen vor. Meist liegt der *Lycopodium-annotinum*-Typ Rud. vor (*Reticulatisporites caelatus* R. Pot. [Th. & Pf.]). Nur einmal fand sich eine Art an, die Thomson & Pflug als *Reticulatisporites potoniei* Th. & Pf. bezeichnen.

Lycopodium (?)-*Rugulatisporites berolinensis* n. sp.

Tafel 1, Abbildung 4

Die Größe dieser Spore beträgt 35 μ. Die Oberfläche ist unregelmäßig mit kleinen Warzen bedeckt. Die einzelnen Schenkel der Tetradenmarke reichen bis zum Äquator und reißen scheinbar leicht auf.

Fundort: Berlin UR V c/26,70.

(Das Original befindet sich in der Sammlung des Verfassers).

Filicinae

Tafel 1, Abbildungen 5, 14, 22: *Sporit. haardti* R. Pot.
„ 1, „ 16: *Sporit. primarius* Wolff
„ 1, „ 8, 17: *Sporit. neddeni* R. Pot.
„ 1, „ 12, 13: *Sporit.* cf. *neddeni* R. Pot.
„ 1, „ 6, 11: *Sporit. favus* R. Pot.
„ 1, „ 1, 9: *Sporit. alienus* R. Pot.

Perisporlose Farnsporen: *Sporit. haardti* R. Pot. und *Sporit. haardti minor* Thierg. (Formgattung: *Laevigatisporites* Th. & Pf.) finden sich vereinzelt in sämtlichen untersuchten Profilen. Ihr Vorkommen scheint auf einen besonders hohen Feuchtigkeitsgehalt während der Ablagerung hinzuweisen.

Ebenso ist die zu *Pteridium* gestellte *Baculatosporites primarius* Wolff (Th. & Pf.) in einzelnen Horizonten gefunden worden. Sie ist in Malliss und in Jahmen selten, in Berlin taucht sie hingegen häufiger und besonders in den jüngeren Schichten auf.

Die Species *Laevigatisporites neddeni* R. Pot. (Th. & Pf.) fehlt in Malliss und Jahmen völlig, in Berlin ist sie selten und gestreut vorhanden, stets aber vergesellschaftet mit den *Haardti*-Formen.

Als „Polypodiaceae" wird im Diagramm die monolete Spore *Verrucatosporites favus* R. Pot. (Th. & Pf.) geführt, die vereinzelt in Mecklenburg und Berlin vorkommt, letzterenorts jedoch einmal zusammen mit *Laevigatisporites haardti* R. Pot. (Th. & Pf.) einen Ausschlag erreicht.

In Malliss (A 4) wurden als Einzelfall zwei *Verrucatosporites alienus* R. Pot. (Th. & Pf.), die als alttertiäre Elemente anzusehen sind, gefunden.

Polypodiaceae(?)-*Reticuloidosporites vimina* n. sp.

Tafel 1, Abbildung 2

Hierher soll eine Form gestellt werden, die sich in drei Exemplaren in Malliss angefunden hat.

Die Formgröße beträgt 45 μ; das Aufsichtsbild zeigt eine fast runde Exine mit deutlich netziger, großlumiger, unregelmäßiger Struktur mit einzeiliger Dehiszensmarke auf der etwas längeren Achse. Am Rand zeichnen sich die Netzelemente warzig ab.

Fundort: Malliss A 4a.

(Das Original befindet sich in der Sammlung des Verfassers).

Polypodiaceae(?)-*Reticuloidosporites facetta* n. sp.

Tafel 5, Abbildung 11

Ein Exemplar dieser Form ist in Berlin gefunden worden. Auch hier sind die Strukturelemente netzig geordnet, zeichnen sich jedoch durch auffällige Regelmäßigkeit aus, einem Insektenauge ähnlich. Die Gestalt ist bohnenförmig, die Längsachse mißt etwa 35 μ. Wegen der Ähnlichkeit in der Form mit *Sporit. favus* und *Sporit. haardti* habe ich diese Species vorerst einmal hierher gestellt.

Fundort: Berlin R 4a/48,00–49,00.

(Das Original befindet sich in der Sammlung des Verfassers).

Schizaeaceae

Tafel 1, Abbildung 10: *Lygodium* sp.

Hierher gehört die Gattung *Lygodium* (Formgattung: *Corrugatisporites* Th. & Pf.), von der ein Einzelexemplar in Berlin R 4/76,00–77,00 gefunden wurde. Nach Thomson sind *Lygodium*-Sporen Leitfossilien im rheinischen Chatt-Aquitan. Nach Stolz weist diese Form auf einen *Sequoia*-Wald hin, was sich hier bestätigt fand, da die Taxodiaceen in diesem Horizont ihr Maximum finden, während die quercoiden Typen, sowie *Myrica*, *Nyssa* und die Mastixioideen keine Rolle spielen – eine Erscheinung, die auf relativ trockene Bodenbeschaffenheit hinweist.

Coniferae und Taxales

Tafel 1, Abbildung 24: kleine *Pinus*-Form
,, 2, ,, 4, 7: *Pinus-silvestris*-Typ
,, 2, ,, 5: *Pinus haploxylon*-Typ
,, 2, ,, 3, 6: *Sciadopitys*
,, 2, ,, 2: *Sequoia*

Tafel 2,	Abbildungen	1: *Podocarpus*
,, 2,	,,	11: *Taxodiaceae*
,, 2,	,,	8, 14: *Tsuga-diversifolia*-Typ
,, 2,	,,	9: *Larix* oder *Pseudotsuga*

Bei der Aufteilung der Coniferen-Pollen wurde der üblichen Gepflogenheit treu geblieben, dieselben erst einmal in geflügelte (*Pinus*-Arten, *Picea, Abies, Keteleeria, Podocarpus*) und ungeflügelte (*Poll. magnus dubius* R. Pot., *Sequoia*, andere Taxodiaceen, *Tsuga, Larix, Sciadopitys*) zu unterteilen. Die *Pinus*-Arten zerfallen in den *Pinus-silvestris*- und den *Pinus-haploxylon*-Typ Rud. – Da sich hier *Sequoia* und andere Taxodiaceen meist nicht mit Sicherheit voneinander trennen ließen, da die Präparate sehr stark korrodiert und sandhaltig sind, wurden diese Formen im Diagramm zusammengezogen.

Beim *Pinus-silvestris*-Typ Rud. (*Pityosporites labdacus* R. Pot. [Th. & Pf.]) wurden bei der Zählung zwei Größen unterschieden: eine kleine Form (ca. 55 μ), die in einigen wenigen Exemplaren nur in Malliss (A 9 und B 7), sowie in Berlin (UR V/24,10–24,50) auftauchte und die große Form (60–100 μ), welche alle Schichten durchläuft, bemerkenswerterweise in Jahmen durchschnittlich höhere Werte erreicht, als in den beiden anderen Lagerstätten. – Das gleiche gilt auch für den *Pinus-haploxylon*-Typ Rud. (*Pityosporites microalatus* R. Pot. [Th. & Pf.]), der in Malliss in manchen Schichten völlig fehlt. – Da der kleine *Pinus-silvestris*-Typ nur selten auftritt, wird er im Diagramm mit der großen Form zusammen geführt.

Die Gattungen *Picea, Keteleeria, Podocarpus* und *Abies* (sämtl. Formgattung: *Pityosporites* Th. & Pf.) gehören in Berlin und Jahmen zu den Seltenheiten, in Malliss wurde kein Exemplar gefunden, was bei der großen Flugfähigkeit dieser Pollen immerhin erwähnenswert ist.

Ebenfalls zu den Seltenheiten gehören hier die Pollen der Gattungen *Tsuga* (Formgattung: *Zonalapollenites* Th. & Pf.) und *Larix* (oder *Pseudotsuga*?) (*Inaperturopollenites magnus* R. Pot. [Th. & Pf.]). Beide sind im Diagramm einzeln aufgeführt, weil besonders den *Tsuga*-Pollen ein gewisser stratigraphischer Wert zukommt, da ihre Anwesenheit erst vom Oberoligozaen an bekannt ist (Thiergart).

Sciadopitys-Pollen (*Monocolpopollenites serratus* R. Pot. [Th. & Pf.]) konnten als Durchläufer in fast allen Schichten der Berliner Bohrungen, in Malliss und in der Lausitz nachgewiesen werden. Kleine Horizonte in Jahmen über dem Liegenden und in Malliss zum Hangenden hin lassen vermuten, daß es in Malliss früher zur Kohlenbildung kam als in Jahmen und in Berlin. Denn unterhalb A 7 (Malliss) konnte kein Pollen der japanischen Schirmtanne mehr nachgewiesen werden, was darauf deutet, daß die Kohlen im oberen Oberoligozän entstanden sein müssen.

In der Spalte ,,Taxodiaceae" (Formgattung: *Inaperturopollenites* Th. & Pf.) werden, wie schon eingangs erwähnt, auch die eindeutigen *Sequoia*- bzw. *Kryptomeria*-Formen geführt. Es sind Durchläufer. Sie zeigen in verschiedenen Tiefen sämtlicher drei Gebiete, verstreut, verschiedene Maxima.

Trotz ihrer unterschiedlichen systematischen Stellung werden im Rahmen dieser Arbeit die Pollen einiger Coniferen und der Taxales zusammen aufgeführt. Das erklärt sich aus ihrer großen Ähnlichkeit miteinander. Die Gruppen: ,,Cupressaceen/Taxaceen" und ,,Taxaceen/Taxodiaceen" stellen deshalb keine systematische Einheit, sondern nur einen pollenanalytischen Begriff dar.

Die Kurve der *Hiatus*-Formen der Taxaceen/Taxodiaceen (*Inaperturopollenites hiatus* R. Pot. [Th. & Pf.]) nimmt ungefähr den gleichen Verlauf wie die der Taxodiaceen.

Als letzte der Coniferen-Taxales-Gruppe findet hier auch die als Cupressaceen/Taxaceen bezeichnete Gruppe Beachtung (*Inaperturopollenites dubius* R. Pot. & Ven. [Th. & Pf.]). Sie bildet in Berlin den Hauptteil des Diagramms, in Malliss finden wir nur zwei deutliche

Maxima – beide über dem Liegenden der beiden Profile. Interessant ist der Vergleich mit der buercoiden, der *Nyssa*- und der *Rhus*-Kurve. Während letztere etwa kongruent sind, fallen ihre Vorstöße in die Minima der Cupressaceen/Taxaceen-Kurve, eine Beobachtung, die man weder in Berlin noch in Jahmen mit dieser ausgeprägten Deutlichkeit machen kann.

Gramineae

Tafel 2, Abbildungen 10, 12, 13

Gräserpollen sind selten. In Berlin erscheinen sie meist in den oberen Lagen.

Palmae

Tafel 2, Abbildungen 15, 16

Hierunter fallen die wahrscheinlich zur Gattung *Sabal* gehörenden Pollenformen (Formgattung: *Monocolpopollenites* TH. & PF.), die in Berlin als Durchläufer – selten – auftritt. In Malliss hingegen über dem Liegenden in A 3 optimale Lebensbedingungen gefunden haben muß. Hier liegt ein ausgesprochener Palmen-*Liquidambar*-Horizont vor (37%:23%), der insofern interessant ist, als die Palmen im mitteleuropäischen Tertiär ihre stärkste Verbreitung im Eozän und im Unteroligozän finden. Die unteroligozänen und eozänen Palmenpollen unterscheiden sich jedoch wesentlich von der oberoligozänen Form, die hier vorliegt.

Pandanales

In dieser Gruppe wurden sämtliche Monokotyledonen-Pollen zusammengefaßt, die zu den Pandanales gehören mögen, deren Stellung jedoch noch nicht festliegt. F. THIERGART hat sie als Sparganiaceen geführt; hier sollen die Grenzen jedoch etwas ausgedehnt werden.

Die Pollen besitzen eine netzige Struktur ähnlich den Palmen, aber mit einer oder mehreren, oft nur schwach sichtbaren Keimporen und sind vielfach stark gefaltet. In keiner der untersuchten Proben sind sie stärker als mit 4% vertreten, meist handelt es sich jedoch nur um Einzelstücke. Doch wäre es verfehlt, hinsichtlich der geringen Menge einen Schluß auf ihre Florenbeteiligung zu ziehen, da ihr sparsames Auftreten doch wohl eher auf ihre Erhaltungsfähigkeit zurückzuführen sein wird. Ein ökologischer Wert kann ihnen nicht abgesprochen werden, da ihr Auftreten den Rhythmus der Flözbildung anzeigt.

Salicaceae

Tafel 3, Abbildung 29

Sehr selten in den hier untersuchten Profilen ist die hierher gestellte Pollenform, die von R. POTONIÉ *Poll. gertrudae* genannt wurde.

Myricacae

Tafel 3, Abbildung 35
,, 4, ,, 27

Die hier zusammengefaßten Pollen (Formgattung: *Triporopollenites* TH. & PF.) zeigen mitunter stark variierende Größenunterschiede, so daß es durchaus denkbar ist, daß vereinzelt auftretende *Corylus*-Formen hier zugezählt worden sind. Sie treten in allen drei Gebieten sehr häufig auf, erreichen in Malliss maximal 30%, in Berlin max. 33% und in Jahmen max. 38%, wobei sie besonders die *Poll. henrici*-Formen auf ein Minimum herabdrücken, wohingegen ihr Einfluß auf die Cupressaceen/Taxaceen-Flora weitaus geringer ist.

Juglandaceae

Tafel 4,	Abbildungen 2:	cf. *Juglans cinerea*
,, 3,	,, 6:	*Carya*
,, 3,	,, 5, 9, 32:	*Pterocarya*
,, 2,	,, 20:	*Engelhardtia*

Als Vertreter dieser Familie wurden die aus den Braunkohlen bekannten Gattungen *Engelhardtia* (Formgattung: *Triatriopollenites* TH. & PF.), *Carya* (Formgattung: *Subtriporopollenites* TH. & PF.), *Pterocarya* (*Polyporopollenites* TH. & PF.) und *Juglans* (*Multiporopollenites* TH. & PF.) gefunden. Während die drei erstgenannten als Durchläufer auftreten, konnte *Juglans* nur in einem Exemplar (in Berlin) nachgewiesen werden.

Betulaceae

Tafel 4,	Abbildungen 26, 32:	*Betula*
,, 4,	,, 13, 14, 16:	*Alnus*

Hierzu gehören die Pollen von *Betula* (*Trivestibulopollenites betuloides* PF. [TH. & PF.]), *Alnus* (*Polyvestibulopollenites verus* R. POT. [TH. & PF.]) und *Carpinus* (*Polyporopollenites pinoides* PF. [TH. & PF.]), wovon letzterer sehr selten ist.

Fagaceae

Tafel 3,	Abbildungen 15, 16:	*Castanea*
,, 3,	,, 17:	*Poll. liblarensis*
,, 4,	,, 33:	*Poll.* cf. *liblarensis*
,, 3,	,, 37:	*Poll. henrici*
,, 2,	,, 21:	*Poll.* cf. *henrici*
,, 3,	,, 11:	*Poll.* cf. *henrici*
,, 3,	,, 4:	cf. *Quercus robur*
,, 3,	,, 1:	*Fagus*
,, 2,	,, 22:	cf. *Fagus silvatica*
,, 3,	,, 25:	cf. *Fagus*
,, 4,	,, 35:	*Poll.* cf. *microhenrici*

Zuerst sei hier die Gattung *Fagus* (*Tricolporopollenites pseudocruciatus* R. POT. [TH. & PF.]) erwähnt, die in Berlin und Jahmen seltener als in Malliss auftritt, wobei jedoch die 4%-Grenze in keinem Fall überschritten wird.

Häufiger dagegen, mit deutlich erkennbaren Maxima, ist der *Castanea*-Pollen (*Tricolporopollenites oviformis* R. POT. [TH. & PF.]). Am stärksten ist er in Jahmen vertreten.

Die *Castanopsis*-Typen (*Tricolporopollenites* TH. & PF.) sollen bis zur Klärung ihrer systematischen Stellung in dem Formenkreis der Fagaceen Aufnahme finden. Sie sind in allen

Vorkommen als Durchläufer mit kleinen Vorstößen vorhanden, die jedoch die 9%-Grenze nicht überschreiten. Ihre Kurve verläuft besonders auffällig in Malliss — etwa parallel der der Myricaceen. Ein Massenauftreten, wie etwa im Lausitzer Unterflöz oder im Ville-Miozän war nicht zu beobachten.

Ebenfalls zu dieser Familie werden die sogen. quercoiden Typen: *Poll. henrici* R. Pot. und *Poll. microhenrici* (Formgattung: *Tricolporopollenites* Th. & Pf.) gezählt, die in den mannigfaltigsten Formen auftreten. Das läßt auf einen Artenreichtum schließen. Diese Formen sind sehr häufig und erreichen oftmals ausgesprochene Horizonte.

Selten ist auch der auf Tafel 3 abgebildete *Quercus-robur*-Typ (*Tricolporopollenites asper* Th. & Pf.), der sogar in Jahmen völlig fehlt. Ebenfalls nicht häufig ist die Form *Poll. liblarensis* Thoms., weshalb sie zu den *Microhenrici*-Formen zugezählt worden ist.

Ulmaceae

Tafel 3, Abbildungen 34: *Zelkowa*
,, 3, ,, 24, 33: cf. *Ulmaceae*
,, 4, ,, 5: *Triporopollenites robustus*

In allen drei Gebieten sind die unter dem Familiennamen zusammengefaßten Gattungen *Ulmus* und *Zelkowa* (*Polyporopollenites* Th. & Pf.) vertreten; zu den jüngeren Schichten hin nimmt ihre Häufigkeit ab.

Einmal tritt in Malliss eine auffällig strukturierte Form, ein *Triporopollenites robustus* Pf., auf, den Weyland zu den Ulmaceen stellt (briefliche Mitteilung).

Centrospermae

Tafel 4, Abbildungen 20, 21

Nur vereinzelt wurde in Berlin der *Poll. multistigmosus* R. Pot. (*Periporopollenites multiporatus* Th. & Pf.) gefunden, dessen systematische Stellung noch ungeklärt ist. F. Thiergart stellt ihn mit Vorbehalt zu den Chenopodiaceen, wo ich ihn vorerst auch belasse.

Magnoliaceae

Tafel 4, Abbildung 11

Ein 45 μ großer Einfaltpollen, ähnlich *Magnolia*, wurde in Malliss gefunden (*Monocolpopollenites areolatus* R. Pot. [Th. & Pf.]).

Hamamelidaceae

Tafel 3, Abbildungen 18, 19: *Liquidambar*

Die Stellung des als *Liquidambar* bekannten Pollens (*Periporopollenites stigmosus* R. Pot. [Th. & Pf.]) dürfte als gesichert anzusehen sein. Durch sämtliche Profile hindurch läßt sich sein Vorkommen als Durchläufer verfolgen, nur in Malliss wurde in der Schicht A 3 ein ausgesprochener Horizont mit 23% angetroffen, vergesellschaftet mit *Palmen* (37%), also in einer Prozentzahl, wie sie bisher noch nirgends in mitteleuropäischen Braunkohlen zu finden war. Dieses Vorkommen dürfte darauf hinweisen, daß ein mediterranes Klima geherrscht haben muß, da das Temperaturoptimum der Gattung in diesem Bereich liegt.

Meliaceae (?)

Tafel 4, Abbildung 28

Eine in Berlin R4 gefundene Art, die ihrem Umriß nach der Form entspricht, die THIERGART als *Myriophyllum* (?) bezeichnet und die wahrscheinlich zu den Meliaceen gehört, benenne ich als

Tetraporopollenites vulpinus n. sp.

Tafel 4, Abbildung 28

Diagnose:
Der Pollen ist beinahe quadratisch mit 25 μ Kantenlänge. Die Struktur ist körnig. 4 Poren an den Ecken mit Tumeszensen.

Holotypus: Tafel 4, Abbildung 28
Locus typicus: Berlin
Stratum typicum: R 4/42,40—45,00
(Das Original befindet sich in der Sammlung des Verfassers).

Anacardiaceae

Tafel 3, Abbildungen 7, 8, 10: *Rhus*
,, 3, ,, 14: cf. *Rhus*

Hierunter fallen die als *Rhus*-Typen bekannten Formen (Formgattung: *Tricolporopollenites* TH. & PF.).

Die Pollen finden sich in Malliss und Jahmen häufig, in Berlin seltener. Im erstgenannten Gebiet erreichen sie zugleich mit der Gattung *Nyssa* Maxima von 18%. Nur einmal erfolgt in Berlin auch ein Vorstoß bis zu 15% des Gesamtpollengehalts in UR V/35,00–36,00.

Cyrillaceae

Tafel 3, Abbildung 39

G. STOLZ stellt einen sehr ähnlich gestalteten Pollen hierher. Er soll bis auf weiteres auch hier belassen werden, schon um ihn aus dem Verbande der *Rhus*-Typen zu lösen, von denen er sich, schon im Hinblick auf die Ausbildung der Colpen, unterscheidet.

Aquifoliaceae

Tafel 3, Abbildung 12: *Ilex iliacus*
,, 3, ,, 21, 22: *Ilex margaritatus*
,, 4, ,, 6: cf. *Ilex*

Beide *Ilex* sp. (*Tricolporopollenites margaritatus* und *iliacus* R. POT. [TH. & PF.]) kommen in fast allen untersuchten Proben vor. Häufiger ist der *Margaritatus*-Typ. Beide Formen werden im Diagramm gemeinsam aufgeführt.

Tiliaceae

Tafel 4, Abbildung 18: *Tilia*
„ 4, „ 23: *Intratriporopoll. indubitabilis*

Der leicht erkennbare Pollen von *Tilia* sp. (*Intratriporopollenites instructus* R. POT. & VEN. [TH. & PF.]) findet sich in den drei Gebieten nur vereinzelt in allen Tiefenlagen, gehört also nicht zur Florengemeinschaft der Braunkohlenflöze.

Wahrscheinlich gehört auch der *Intratriporopollenites indubitabilis* R. POT. (TH. & PF.) in diese Familie. Er gilt allgemein als alttertiäres Element.

Rhizophoraceae

Tafel 5, Abbildung 3

Wegen seines relativ häufigen Auftretens wurde die als *Poll. rhizophorus* R. POT. bekannte Form auch im Diagramm aufgeführt. Die Herkunft ist noch völlig ungeklärt, obwohl ihn R. POTONIÉ zu den Compositen gestellt hat. Die hier vorgenommene Stellung zu den Rhizophoraceen findet nur aus Gründen der besseren Übersicht statt.

Der Pollen, der hinsichtlich der Größe und auch der Ausbildung der Stacheln sehr variabel ist, ist ein Charakteristikum der Berliner Bohrungen, denn er ist weder in Malliss noch in dem Lausitzer Profil gefunden worden. Das eigentliche „Pollenkorn“ erscheint in der Aufsicht rund und ist ringsherum mit einer Art „Tenakeln“ besetzt. Seine Größe schwankt zwischen 8 und 10 μ, die Länge der tenakelähnlichen Gebilde liegt zwischen 1 und 4 μ. Seine Maxima – hier zweimal 5% und einmal 4% – treffen immer auf einen Oleaceen-Vorstoß.

Nyssaceae

Tafel 3, Abbildungen 13, 27, 28, 30, 31, 36
„ 4, „ 1

Die Pollen von *Nyssa* sp. (Formgattung: *Tricolporopollenites* TH. & PF.) sind in allen Proben gefunden worden. Ihre maximale Häufigkeit beträgt in Mecklenburg 17, in Berlin 15 und in der Lausitz 11%. Stets fällt ein *Nyssa*-Maximum auf ein Minimum der Cupressaceen/Taxaceen, was ökologisch bedingt ist.

Obwohl die Größen sehr unterschiedlich sind, fällt doch eine besonders große Form (35 μ) auf, die in Malliss auftritt. Die dort gefundenen Maxima in A 7 und B 4 bestehen zum größten Teil aus diesen großen Typen, was auch hier feinstratigraphisch wichtig ist, da es die Kongruenz der beiden Profile bestätigt, zumal diese Größe sonst sehr selten ist.

Myrtaceae (?)

Tafel 2, Abbildung 19

Wegen einer gewissen Ähnlichkeit mit rezenten Formen wurde der als Einzelstück gefundene Pollen bis zur Klärung seiner systematischen Stellung hierher gestellt.

Hydrocaryaceae

Tafel 4, Abbildung 29

Der von ERDTMAN beschriebene Pollen von *Trapa natans* stimmt mit dem in Malliss gefundenen Exemplar ungefähr überein.

Triporopollenites trapoides n. sp.

Diagnose:

Der Pollen ist ca. 29 μ groß. Die Kontur ist dreieckig mit schwach konvexen Seiten. Vom Mittelpunkt aus bis in die Spitzen des Dreiecks verlaufen etwa 8 μ breite und ca. 1 μ hohe Wülste. Die drei Poren befinden sich jeweils auf der Seitenmitte.

Holtypus: Tafel 4, Abbildung 29
Locus typicus: Malliss
Stratum typicum: MA/B 5 c
(Das Original befindet sich in der Sammlung des Verfassers).

Cornaceae(?)

Tafel 3, Abbildungen 2, 3, 20

Hierher gehören wahrscheinlich die von R. Potonié beschriebenen *Poll. edmundi* (*Tricolporopollenites edmundi* R. Pot. [Th. & Pf.]). Sie treten allgemein nur vereinzelt auf, erreichen einmal in Berlin (UR V) 9% des Pollengehaltes. Der Vollständigkeit halber sei noch erwähnt, daß Thomson sie zu den Araliaceen stellt.

Ericaceae

Tafel 4, Abbildung 34

Die dieser Familie entstammenden Tetraden finden sich in allen Profilen in den Größen zwischen 20 und 50 μ. Da ein stratigraphischer Wert bisher nicht bewiesen werden konnte, werden sie hier als Gesamtheit aufgeführt.

Sapotaceae

Tafel 4, Abbildungen 15, 19: *Sapotaceae*
„ 3, „ 26: *Poll. megadolium*

Die von Thomson im Mallisser Oberflöz gefundenen, für das rheinische Chatt-Aquitan typischen, Sapotaceen-Pollen (Formgattung: *Tetracolporopollenites* Th. & Pf.) konnten in den hier untersuchten zwei Unterflözprofilen nicht nachgewiesen werden. Hingegen finden sich die Sapotaceen, wenn auch nur selten, in Berlin R4 und in Jahmen (Flöz 2, Hangendes), jedoch nicht gleichzeitig mit *Lygodium*, wie im rheinischen Chatt-Aquitan (Thomson).

Polyporopollenites tetraexituum (R. Pot. pro forma) Raukopf

Tafel 4, Abbildung 31

Ein Exemplar der Form, die R. Potonié *Poll. megadolium tetraexituum* nennt, konnte in Berlin (UR VIII) nachgewiesen werden. Er sieht diese Form als Polbild des *Poll. megadolium* an, was auf Grund der Struktur wenig wahrscheinlich ist, da bei Polbildern stets Einrisse oder Sekundärfalten entstehen. Es wird vorgeschlagen, ihn bis zur endgültigen Klärung durch weitere Untersuchungen als eigene Spezies zu führen.

Symplocaceae

Tafel 4, Abbildungen 3, 4, 8, 10
„ 4, „ 7, 9: *Poll. vestibulum*

In allen drei Gebieten sind Pollen der Symplocaceen selten. Ebenfalls hierher gestellt werden soll die Form *Poll. vestibulum* R. POT. (*Porocolpopollenites vestibuloformis* R. POT. [TH. & PF.]). F. THIERGART unterscheidet – was verschiedentlich angezweifelt wird – auf Grund der Strukturelemente, eine jüngere und eine ältere Form. Die ältere wurde hier ausschließlich in Malliss gefunden.

Oleaceae

Tafel 2, Abbildungen 17, 18
„ 4, „ 17

Die zur Familie der Oleaceen gestellten Pollen gehören wahrscheinlich verschiedenen Gattungen (*Olea* sp., *Forsythia* sp., etc.) an. Sie sind durchschnittlich in der Aufsicht annähernd kreisförmig und besitzen eine feinwarzige Struktur (*Poll. confinis* R. POT.).
Diese Formen sind in allen Profilen vertreten und erreichen zweimal in Berlin und einmal in Malliss Maxima von 10%. Jedesmal treffen sie dabei auf ein Minimum der *Henrici*-Formen.

Compositae(?)

Tafel 4, Abbildung 30

Die systematische Stellung dieser, von R. POTONIÉ *Poll. spinosus* genannten Formen ist noch nicht geklärt. Einige Autoren wollen diese Typen zu den Lauraceen stellen.

Hystrichosphaerideae

Tafel 5, Abbildungen 4, 5, 12–15

Das Vorkommen verschiedener Hystrichosphaerideen-Formen ist im Diagramm in einer Extraspalte eingetragen. Da ihre Herkunft – ob pflanzlich oder tierisch – noch ungeklärt ist, bedeutet der Name und die Einordnung an dieser Stelle keine systematische Stellung. Der heute verbreiteten Auffassung nach handelt es sich bei dieser Gruppe um Plankton-Bestandteile.

Pollen und Sporen unbekannter Herkunft

Verrucatosporites friedensburgensis n. sp.

Tafel 4, Abbildungen 36–38

Diagnose:

Die Größe der Spore beträgt 37 μ. Ihr Umriß ist kreisförmig, die Struktur verrucat. Warzen sind unregelmäßig in lichter Anordnung auf der Oberfläche verteilt, sehr verschieden geformt (rundlich, länglich, kantig), 1 μ hoch und im Mittel 2 μ breit. Germinalapparat scheinbar einporig.

Holotypus: Tafel 4, Abbildungen 36—38 (Aufnahmen in verschiedenen Ebenen)
Locus typicus: Berlin
Stratum typicum: R 4a/76,00—77,00

(Das Original befindet sich in der Sammlung des Verfassers).

Tetraporopollenites pellitus n. sp.

Tafel 4, Abbildung 24

Diagnose:

Größe: 31 μ. Umriß: kreisförmig. Struktur: glatt. Pelziges Aussehen ohne sichtbare Strukturelemente. 4 halbkreisförmige Poren ohne Anulus und Vestibulum mit dem mittleren Durchmesser von 5 μ.
Holotypus: Tafel 4, Abbildung 24
Locus typicus: Berlin
Stratum typicum: UR Ia/33,30—33,50
(Das Original befindet sich in der Sammlung des Verfassers).

Triplanosporites mecklenburgensis n. sp.

Tafel 5, Abbildung 8

Diagnose:

Größe: 35 μ. Umriß: fast kreisförmig. Struktur: clavat. Drei kreisförmige Solutionsareen. Keulchen 1 bis 2 μ hoch. Scheinbar ohne Dehiszensmarke.

Holotypus: Tafel 5, Abbildung 8
Locus typicus: Malliss
Stratum typicum: MA/B 5c
(Das Original befindet sich in der Sammlung des Verfassers).

Zusammenfassung

Die Zusammenstellung der Pollendiagramme aus Malliss (Mecklenburg), der Berliner Braunkohlen und einer, bisher nicht veröffentlichten Bohrung des Mittelflözes der Lausitz zeigt, pflanzensoziologisch gesehen, Differenzen.

Gattungen (bzw. Arten) sind bis auf seltene Ausnahmen die gleichen. Die Ausnahmen sind im botanischen Teil neu benannt und beschrieben, da sie in der Literatur bisher nicht ermittelt werden konnten. Es zeigt sich, daß in den 3 bearbeiteten Ablagerungen alttertiäre neben neogenen Pflanzenelementen – in Form ihrer Pollenexinen – den Ablauf des Senkungsrhythmus beim Beginn der neogenen Pflanzenperiode anzeigen.

Trotz der pflanzensoziologischen Diskrepanzen, d. h. der prozentualen Zusammensetzung der Pollenmengen, muß vermutet werden, daß die Braunkohlenschichten des Unterflözes von Malliss, der untersuchten Schichten von Berlin und des Lausitzer Mittelflözes (bzw. Unterflözes) etwa zur gleichen Zeit abgelagert sind. Die Differenzen, die sich aus der prozentualen Zusammensetzung des Polleninhalts ergeben, sind auf besondere ökologische Bedingungen zurückzuführen (Mittelmiozäne Meerestransgression).

Die beiden mecklenburgischen Pollendiagramme decken sich in ihrer Pollenführung fast völlig. Bei den Berliner Kohlen ist die Parallelbildung nur z. T. nachgewiesen. Die Pollenflora der Lausitzer Kohlen zeigt in einzelnen Horizonten Übereinstimmung mit Arbeiten THIERGARTS und HUNGERS.

Es ist hier erstmalig der Versuch gemacht worden, die Braunkohlen führenden Schichten Mecklenburgs, der Lausitz und Berlins floristisch miteinander zu vergleichen. – Dabei hat sich herausgestellt, daß Palmen nur im Mecklenburger Unterflöz, der Lausitz, aber auch in Berlin nachgewiesen werden konnten. Somit ist erstmalig bewiesen, daß diese Schichten parallel abgelagert worden sind. (GOTHAN hat Palmenreste nur im Unterflöz der Lausitz, jedoch nicht im Oberflöz gefunden).

Das Oberflöz der Lausitz, einige junge Berliner Braunkohlenstreifen und das Oberflöz von Mecklenburg sind somit erheblich jünger (Mittel- bis Obermiozän); Palmen-Pollen wurden dort nicht nachgewiesen.

Die alttertiären Elemente, die als Palmen-Pollen, Schizaeazeen-Sporen, ältere Polypodiaceen-Formen, u. a., sich in chatt-aquitanen Ablagerungen der rheinischen Braunkohlenschichten finden, zeigen, daß alle untersuchten Proben an der Grenze Oberoligozän/Miozän abgelagert sind, d. h. zu einer Zeit, als sich die neogene Flora in Mitteleuropa auszubreiten begann. Auch die Exinen, die auf Vorkommen von Gattungen der KIRCHHEIMER'schen Mastixioideen-Flora hindeuten, sind Beweise für ein chatt-aquitanes Alter der untersuchten Ablagerungen.

Literatur

BODE, H.: Die Pollenanalyse in der Braunkohle. — Internat. Bergwirtsch. u. Bergtechnik, 24, S. 10–15. Halle 1931.

BRADLEY, W. H.: Origin and microfossils of the oil shale of the Green River formation of Colorado and Utah. — Geol. Surv. Prof. Pap., 168. Washington 1931.

BUBNOFF, S. VON: Einführung in die Erdgeschichte, 3. Aufl. — Berlin 1956.

EDWARDS, W. N.: An eocene microthyriaceous fungus from Mull Scotland. — Transact. Brit. Mycol. Soc., 8, S. 66–72, pl. 8 Cambridge 1922.

EISENACK, A.: Hystrichosphärideen und verwandte Formen im baltischen Silur. — Zs. für Geschiebeforschung u. Flachldsgeol., Bd. 14, H. 1, 1938.

ENGMANN, K. F.: Das erste mecklenburgische Pollendiagramm. — Mitt. a. d. mecklbg. geol. Ldsanst., 43, Rostock 1936.

ERDTMAN, G.: Pollen morphology and plant taxonomy, Angiosperms. — Stockholm 1952.

GOTHAN, W.: Weiteres über Palmenreste in der Niederlausitzer Braunkohle. — Braunkohle, 1933 Jg. —, H. 48, S. 869–872. Halle 1933.

— u. WEYLAND, H.: Lehrbuch der Paläobotanik. Berlin 1954.

HUNGER, R.: Tonsteine. — Bergakad., H. 9, Jg. 5, Freiberg 1953.

— Mikrobotanisch-stratigraphische Untersuchungen der Braunkohlen der südlichen Oberlausitz und die Pollenanalyse als Mittel zur Deutung der Flözgenese. — Freiberger Forsch.-Hefte C, 8, 1953.

HORST, U.: Von der Stratigraphie zur Feinstratigraphie der mitteldeutschen Braun- und Steinkohlen. — Freib. Forsch.-Hefte 8, 1952.

IVERSEN u. TROELS-SMITH: Pollenmorfologiske definitioner og typer. — Danm. Geol. Unders. København IV, R 3–8. 1950.

KEILHACK, K.: Die geologischen Verhältnisse des Niederlausitzer Braunkohlengebietes mit bes. Berücksichtigung der Felder der Ilse. B. A.-Festschr. Grube Ilse N. L. 1913.

KIRCHHEIMER, F.: Zum Vorkommen der Palmenreste in der Niederlausitzer Braunkohle. — Cbl. f. Mineralogie. Stuttgart 1933.

KOSANKE, R. M.: Pennsylvanian spores of Illinois. — State Geol. Surv. Bull. 74, Urbena 1950.

KRÄUSEL, R.: Versunkene Floren. — Frkf. a/M. 1950.

MACKO, S.: Lower miocene Pollen Flora from the valley of Klodnica near Gliwice (upper Silesia). — Wroclawska 1957.

MÄGDEFRAU, K.: Paläobiologie der Pflanzen. 3. Aufl. — Jena 1956.

MATTHES, H. W.: Einführung in die Mikropaläontologie. — Leipzig 1956.

PFLUG, H.: Palynologie und Stratigraphie der eozänen Braunkohlen von Helmstedt. — Pal. Z. 26, Stuttgart 1952.

POKORNY, V.: Grundzüge der zoologischen Mikropaläontologie, Bd. 1. — Berlin 1958.

POTONIÉ, R.: Zur Mikrobotanik der Kohlen und ihrer Verwandten: I. Zur Morphologie der fossilen Pollen und Sporen, II. Zur Mikrobotanik des eozänen Humodils des Geiseltals. — Arb. a. d. Inst. f. Paläobot. u. Petrogr. d. Brennsteine. Bd. 4. Berlin 1934.

— F. W. THOMSON und F. THIERGART: Zur Nomenklatur und Klassifikation der neogenen Sporomorphae. — Geol. Jb. 65. Hannover 1951.

REIN, U.: Die Anwendung der Pollenfeinstratigraphie in der Praxis des rheinischen Braunkohlenbergbaues. — Geol. Jb. 65. Hannover 1951.

STOLZ, G.: Pflanzenvereine der rheinischen Braunkohle und ihre Sukzession unter besonderer Berücksichtigung der „hellen Schichten". — Diss. Köln 1955.

Thiergart, F.: Die Pollenflora der Niederlausitzer Braunkohle, besonders im Profil der Grube Marga bei Senftenberg. – Jb. preuß. geol. L. A. f.1937, 58, Berlin 1937.
– Die Mikropaläontologie als Pollenanalyse im Dienst der Braunkohlenforschung. – Brennstoffgeologie, H. 13, Stuttgart 1940.
– Der stratigraphische Wert mesozoischer Pollen und Sporen. – Paläontogr. B. 89. Stuttgart 1949.
Thomson, P. W.: Grundsätzliches zur tertiären Pollen- und Sporenmikrostratigraphie auf Grund einer Untersuchung des Hauptflözes der rheinischen Braunkohle in Liblar, Neurath, Fortuna und Brühl. – Geol. Jb. 65, Hannover-Celle 1950.
– Zur Entstehung und Ausbreitung der Angiospermen im Mesophyticum. – Pal. Z. 27. Stuttgart 1953.
– und H. Pflug: Pollen und Sporen des mitteleuropäischen Tertiärs. – Paläontogr. B. 94, Stuttgart 1953.
Weyland, H. und E. Jäger: Zur Pollenführung des Hauptflözes der Ville. – Braunkohle, H. 39, Halle 1934.
Werdermann E. und H. Melchior: A. Englers Syllabus der Pflanzenfamilien. Bd. 1, Berlin 1954.

Erläuterungen zu den Tafeln

Sämtliche Aufnahmen wurden mit einer Kleinbildkamera auf Feinstkornfilm angefertigt. Die mit Ölimmersion hergestellten Pollenabbildungen sind danach 1000fach vergrößert worden.

Die abgebildeten Pollen wurden nach Möglichkeit in der Reihenfolge der botanischen Abteilungen geordnet. Mehrere Verschiebungen aus Platzgründen ließen sich jedoch nicht vermeiden. Auf Tafel 5 befinden sich z. T. Pollen und Sporen, deren systematische Stellung nicht ermittelt werden konnte, ebenso einige Planktonten.

Durchweg sind sämtliche Abbildungen 1000fach vergrößert, bis auf die Abb. 9 auf Tafel 5.

Tafel 1

Abb.	1	*Sporites alienus* (Polypod.)	Präparat	Malliss A 4a
,,	2	*Reticuloidosporites vimina* n. sp.	,,	Malliss A 4a
,,	3	*Sporites primarius*	,,	Berlin R 4a/67,00–68,00
,,	4	*Lycopodiac.* (?)-*Rugulatosporites berolinensis* n. sp.	,,	Berlin UR Vc/26,70
,,	5	Perisporlose Farnspore	,,	Berlin R 15b/23,20–23,80
,,	6	*Sporites favus*-(Polypod.)	,,	Berlin R 15d/37,80–37,85
,,	7	Polypodiaceae (?)	,,	Malliss A 4a
,,	8	*Sporites neddeni*	,,	Berlin R 15a/59,85
,,	9	*Sporites alienus*	,,	Malliss A 5a
,,	10	*Lygodium* sp.	,,	Berlin R 4a/76,00–77,00
,,	11	*Sporites favus* (Polypod.)	,,	Berlin R 15a/65,35–66,00
,,	12	*Sporites* cf. *neddeni*	,,	Berlin UR VIII d/28,70–29,30
,,	13	*Sporites* cf. *neddeni*	,,	Berlin UR IV a/23,90–25,10
,,	14	Perisporlose Farnspore	,,	Berlin R 4a/48,00–49,00
,,	15	Polypodiaceae (?)	,,	Berlin R 15b/48,50
,,	16	*Sporites primarius* (Pterid.)	,,	Berlin R 4/43,40–45,00
,,	17	*Sporites neddeni*	,,	Berlin R 15a/66,05
,,	18	*Lycopod.* sp. (*Reticulatisporites potoniei*)	,,	Malliss B 7
,,	19	Unbekannte Spore (?)	,,	Berlin R 15a/37,85–39,00
,,	20	Unbekannte Spore (?)	,,	Berlin R 15a/37,85–39,00
,,	21	*Sphagnum*	,,	Berlin R 15a/58,40
,,	22	*Sporites haardti*	,,	Berlin R 15a/65,35–66,00
,,	23	*Lycopodium-annotinum*-Typ	,,	Berlin UR V a/36,00
,,	24	Kleine *Pinus*-Form	,,	Berlin R 15d/49,80

Tafel 2

Abb.	1	*Podocarpus*	Präparat	Berlin R 15b/63,20–63,45
,,	2	*Sequoia*	,,	Berlin R 15a/39,00–39,75
,,	3	*Sciadopitys*	,,	Berlin UR VIII a/29,30–30,50
,,	4	*Pinus-silvestris*-Typ	,,	Berlin R 4/c45,00–46,00
,,	5	*Pinus-haploxylon*-Typ	,,	Berlin R 15d/41,05

Abb. 6	*Sciadopitys*	Präparat	Berlin R 4a/71,00–71,50
,, 7	*Pinus silvestris* (?)	,,	Berlin R 15d/55,70
,, 8	*Tsuga-diversifolia*-Typ	,,	Berlin R 4a/52,10–53,10
,, 9	*Larix* oder *Pseudotsuga*	,,	Berlin R 4a/49,00–49,70
,, 10	Gramineae	,,	Berlin R 4b/84,00–85,90
,, 11	Taxodiaceae	,,	Berlin R 4a/76,00–77,00
,, 12	Gramineae	,,	Berlin R 4b/43,20–43,40
,, 13	Gramineae	,,	Berlin R 15d/41,05
,, 14	*Tsuga-diversifolia*-Typ	,,	Berlin R 15a/47,00
,, 15	Palmae	,,	Malliss A 3b
,, 16	Palmae	,,	Malliss A 3b
,, 17	cf. Oleaceae	,,	Berlin UR VIIId/28,70–29,30
,, 18	Oleaceae	,,	Berlin R 15d/59,55–59,80
,, 19	Myrtaceae (?)	,,	Berlin R 4a/81,15–82,00
,, 20	cf. *Engelhardtia*	,,	Berlin R 4a/49,00–49,70
,, 21	Fagaceae – *Poll.* cf. *henrici*	,,	Berlin R 4a/71,00–71,50
,, 22	cf. *Fagus silvatica*	,,	Berlin R 15a/66,05

Tafel 3

Abb. 1	*Fagus*	Präparat	Malliss A 6a
,, 2	Cornaceae (?) – *Poll. edmundi*	,,	Malliss B 6a
,, 3	Cornaceae (?) – *Poll.* cf. *edmundi*	,,	Malliss A 11a
,, 4	cf. *Quercus robur*	,,	Berlin R 15a/37,85–39,00
,, 5	*Pterocarya*	,,	Malliss A 3b
,, 6	*Carya*	,,	Malliss A 5a
,, 7	*Rhus*-Typ	,,	Berlin R 15b/63,20–63,45
,, 8	*Rhus*-Typ	,,	Berlin R 4a/52,10–53,10
,, 9	cf. *Pterocarya*	,,	Berlin R 4a/48,00–49,00
,, 10	*Rhus*-Typ	,,	Malliss A 3b
,, 11	Fagaceae – *Poll.* cf. *henrici*	,,	Malliss B 7a
,, 12	*Ilex-iliacus*-Typ	,,	Berlin R 15a/62,80–63,20
,, 13	*Nyssa*	,,	Berlin R 4b/85,00–85,90
,, 14	cf. *Rhus*	,,	Malliss A 4a
,, 15	*Castanea*	,,	Berlin UR Vc/26,70
,, 16	*Castanea*	,,	Malliss A 3b
,, 17	Fagaceae (?) – *Poll. liblarensis*	,,	Malliss A 3b
,, 18	*Liquidambar*	,,	Malliss A 3b
,, 19	*Liquidambar*	,,	Malliss A 3b
,, 20	Cornaceae (?) – *Poll. edmundi* (Polbild)	,,	Malliss B 6a
,, 21	*Ilex margaritatus* (Polbild)	,,	Malliss B 1a
,, 22	*Ilex-margaritatus*-Typ	,,	Malliss B 3d
,, 23	Meliaceae (?) – *Tetraporopollenites vulpinus* n. sp.	,,	Berlin R 4a/43,40–45,00
,, 24	cf. Ulmaceae	,,	Malliss A 3b
,, 25	cf. *Fagus*	,,	Malliss A 6a
,, 26	Sapotaceae – *Poll. megadolium*	,,	Malliss A 10c
,, 27	*Nyssa*	,,	Berlin R 15d/59,55–59,80
,, 28	*Nyssa* (Polbild)	,,	Berlin UR Ia/21,45–21,60
,, 29	cf. Salicaceae	,,	Berlin UR Vc/26,70
,, 30	*Nyssa*	,,	Malliss A 8a
,, 31	cf. *Nyssa*	,,	Berlin R 15d/59,55–59,80
,, 32	*Pterocarya*	,,	Malliss A I/IIb
,, 33	cf. Ulmaceae	,,	Berlin R 4b/43,20–43,40
,, 34	*Zelkowa*	,,	Malliss A 3b
,, 35	cf. *Myrica*	,,	Berlin UR Va/24,10–24,50
,, 36	*Nyssa*	,,	Malliss A 5a
,, 37	Fagaceae – *Poll. henrici*	,,	Malliss B 5c
,, 38	Fagaceae – *Poll.* cf. *henrici*	,,	Berlin R 15a/37,85–39,00
,, 39	Cyrillaceae (?)	,,	Berlin R 15a/65,35–66,00

Tafel 4

Abb.		Präparat
Abb.	1 *Nyssa* (halbes Polbild)	Präparat Malliss A 6a
,,	2 cf. *Juglans cinerea*	,, Berlin UR VIII d/28,70—29,30
,,	3 Symplocaceae (4porig)	,, Berlin R 4a/83,50—83,75
,,	4 Symplocaceae	,, Berlin R 15b/63,20—63,45
,,	5 Ulmaceae — *Triporopoll. robustus*	,, Malliss A 10c
,,	6 cf. *Ilex*	,, Malliss A 9b
,,	7 Symplocac. — *Poll. vestibulum* (alttert.)	,, Malliss B 6a
,,	8 Symplocaceae (Polbild)	,, Berlin R 15a/37,85—39,00
,,	9 Symplocac. — *Poll. vestibulum*	,, Berlin R 15a/39,75
,,	10 Symplocaceae	,, Malliss A 11a
,,	11 cf. Magnoliaceae	,, Malliss B 2a
,,	12 *Poll.* cf. *henrici* (aufgerissen)	,, Berlin R 4a/49,00—49,70
,,	13 *Alnus*	,, Berlin UR VIII d/28,70—29,30
,,	14 *Alnus*	,, Berlin R 4a/52,10—53,10
,,	15 Sapotaceae	,, Berlin R 4c/59,00
,,	16 *Alnus* (4porig)	,, Berlin R 15c/58,30—58,40
,,	17 cf. Oleaceae	,, Malliss A 10c
,,	18 *Tilia*	,, Malliss A 4a
,,	19 Sapotaceae	,, Berlin R 4d/57,10
,,	20—21 Centrospermae (?)	,, Berlin R 4a/43,40—45,00
,,	22 *Poll. laesus* (?)	,, Berlin UR II d/27,80—28,90
,,	23 cf. *Tilia* (*Intratriporopollenites indubitabilis*)	,, Berlin R 15a/48,00—48,20
,,	24 *Tetraporopollenites pellitus* n. sp.	,, Berlin UR I a/33,30—33,50
,,	25 Unbekannter Pollen	,, Berlin R 15c/51,40
,,	26 *Betula*	,, Berlin R 15b/63,20—63,45
,,	27 *Myrica*	,, Berlin R 4a/47,50—48,00
,,	28 Meliaceae (?) — *Tetraporopoll.* cf. *vulpinus* n. sp.	,, Berlin R 15d/60,00
,,	29 cf. *Trapa*	,, Malliss B 5c
,,	30 Compositae (?)	,, Malliss A 9b
,,	31 *Polyporopollenites tetraexituum*	,, Berlin UR VIII c/30,50—31,40
,,	32 *Betula*	,, Berlin R 15b/61,20
,,	33 Fagaceae (?) — *Poll.* cf. *liblarensis*	,, Berlin R 4a/83,00—83,50
,,	34 Ericaceae	,, Malliss A 8a
,,	35 Fagaceae — *Poll.* cf. *microhenrici*	,, Berlin R 15a/37,85—39,00
,,	36—38 *Verrucatosporites friedensburgensis* n. sp.	,, Berlin R 4a/76,00—77,00

Tafel 5

Abb.		Präparat
Abb.	1 *Phragmothyrites eocaenicus*	Präparat Berlin R 15a/58,40
,,	2 *Phycopeltis* (Jugendform)	,, Berlin UR IV b/34,00
,,	3 *Poll. rhizophorus*	,, Berlin R 4b/40,00
,,	4 cf. Hystrichosphaerideae	,, Berlin R 4b/40,00
,,	5 Hystrichosphaerideae	,, Berlin R 4a/43,40—45,00
,,	6—7 Unbekannter Pollen (?)	,, Berlin R 4a/76,00—77,00
,,	8 *Triplanosporites mecklenburgensis* n. sp.	,, Malliss B 5c
,,	9 *Sporites ligneolus* (Übersicht etwa 410fach)	,, Malliss A 6a
,,	10 *Sporites ligneolus* (1000fach)	,, Malliss A 6a
,,	11 *Reticuloidospor. facetta* n. sp.	,, Berlin R 4/48,00—49,00
,,	12 Hystrichosphaerideae	,, Berlin R 15a/58,50
,,	13—15 dto. (Ausschnitte)	

TAFELN I—V

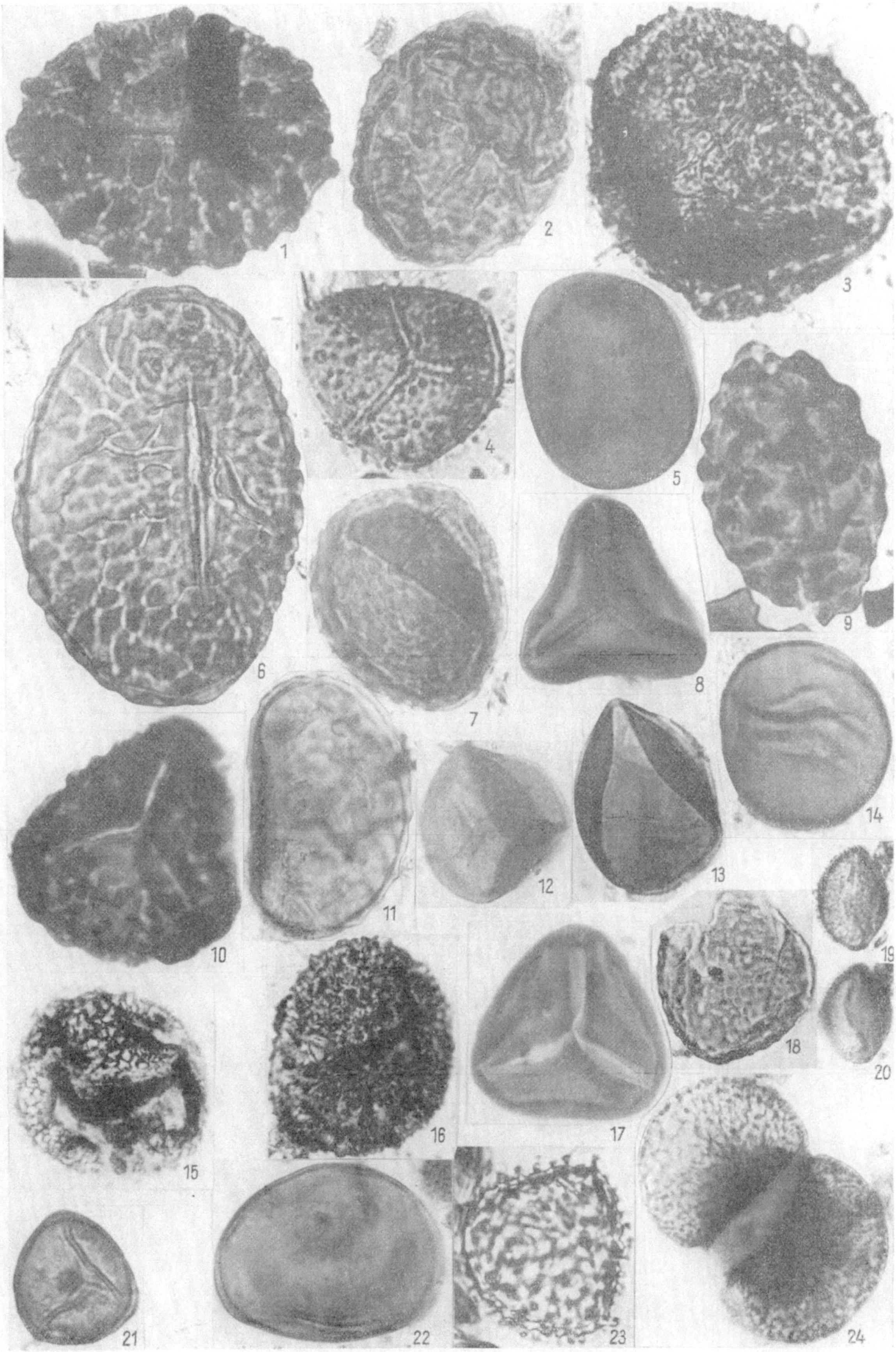
1
2
3
4
5
6
7
8
9
10
11
12
13
14
15
16
17
18
19
20
21
22
23
24

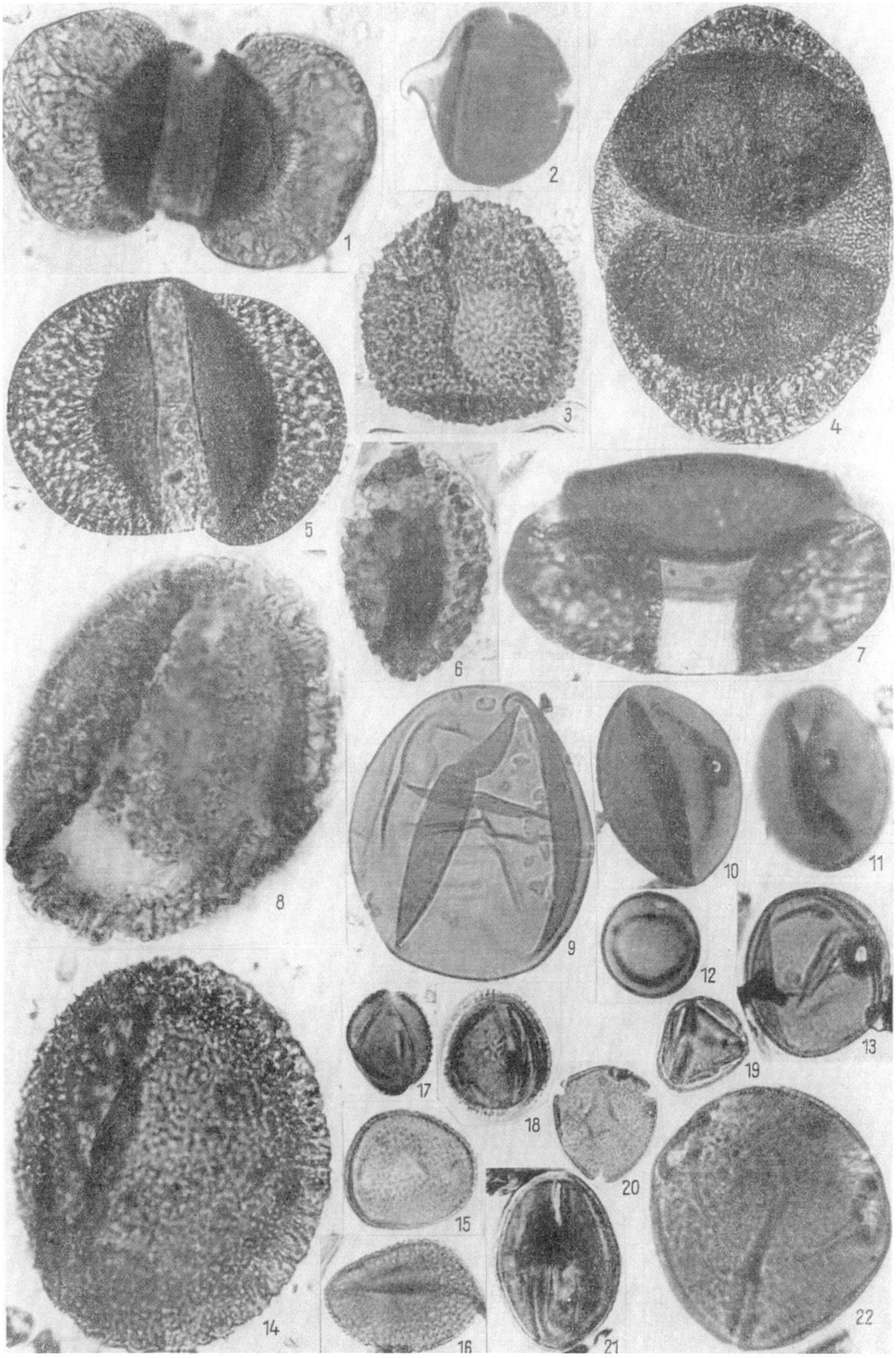
1
2
3
4
5
6
7
8
9
10
11
12
13
14
15
16
17
18
19
20
21
22

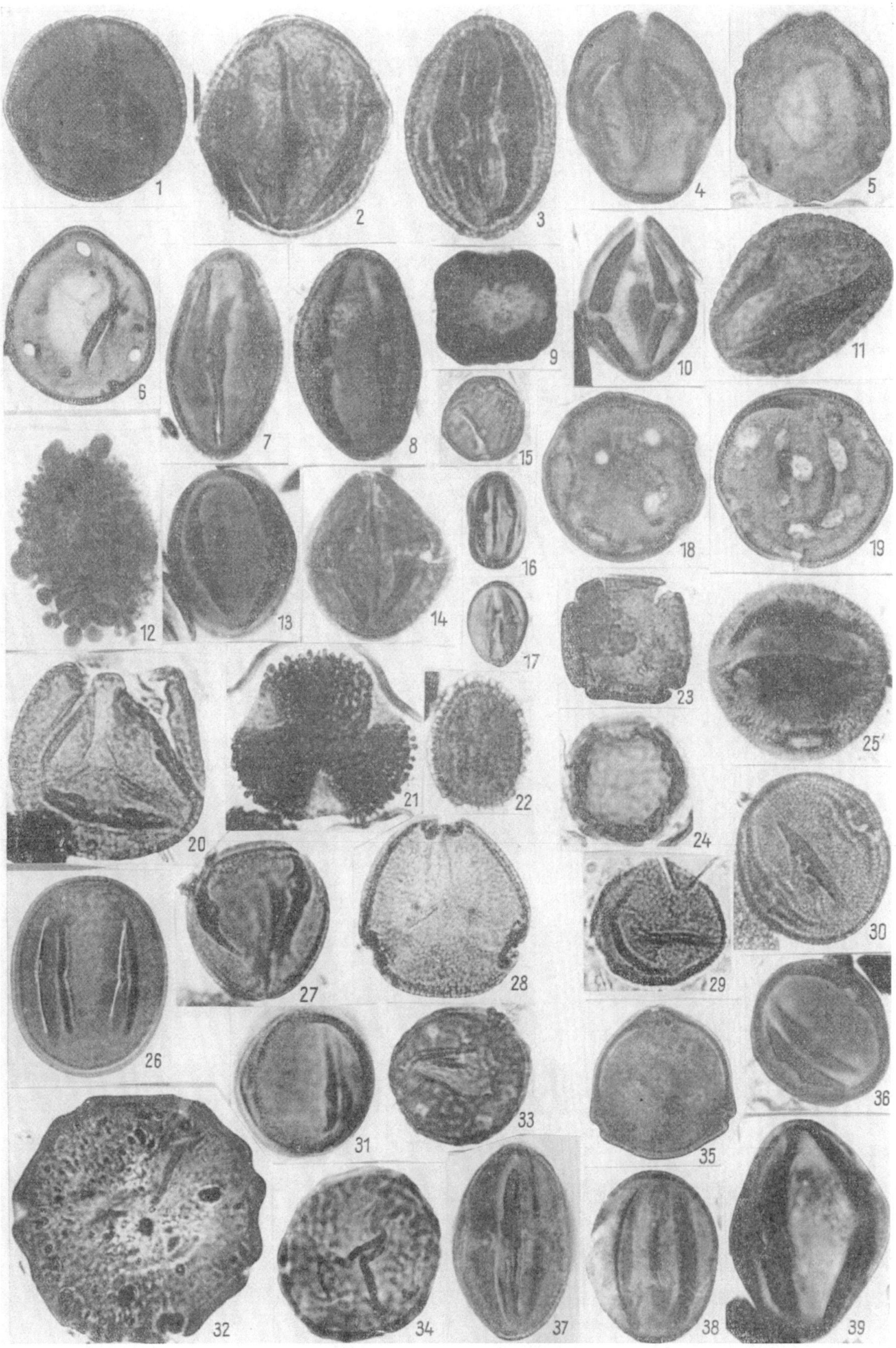
1
2
3
4
5
6
7
8
9
10
11
12
13
14
15
16
17
18
19
20
21
22
23
24
25
26
27
28
29
30
31
32
33
34
35
36
37
38
39

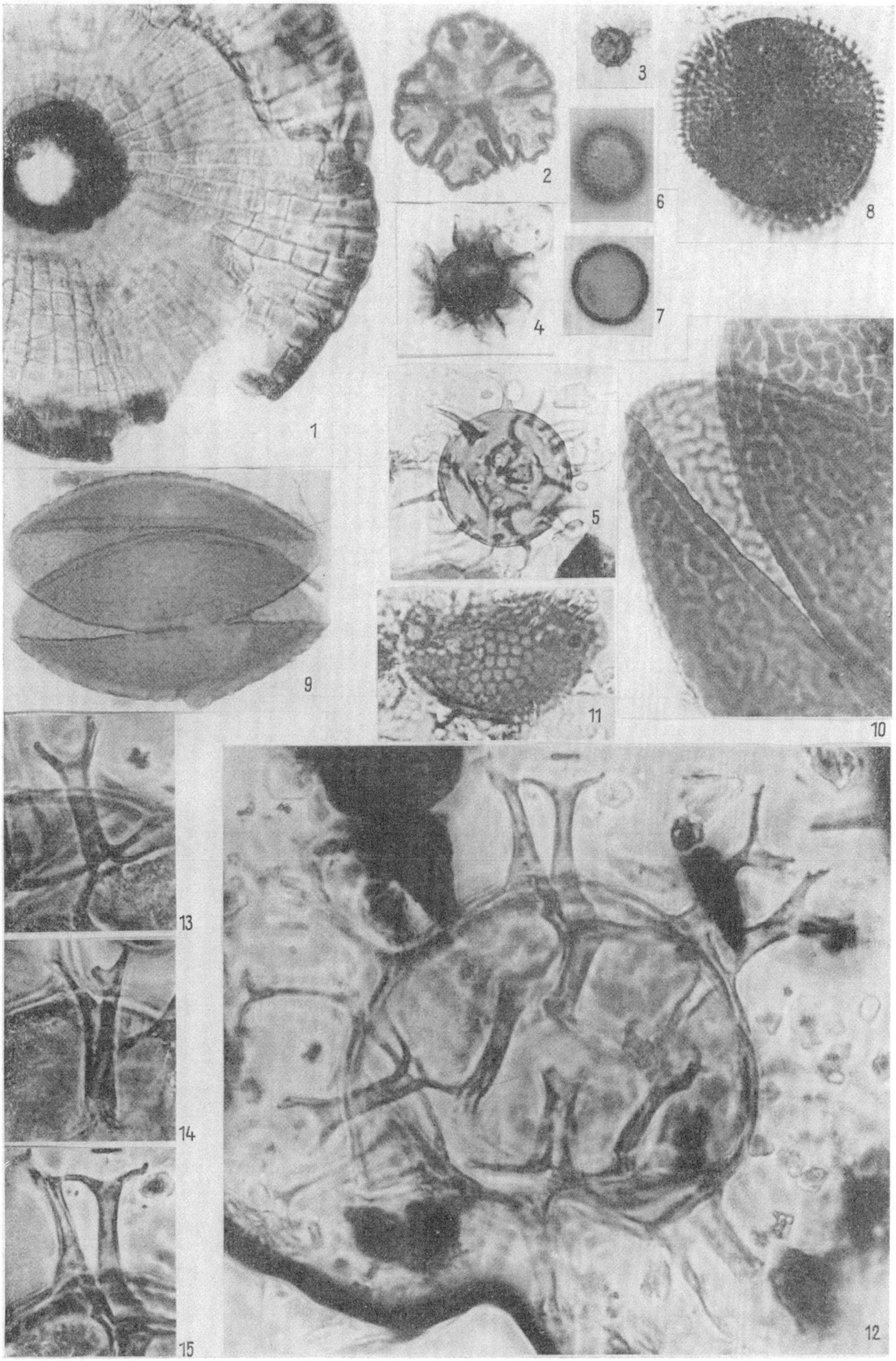
1
2
3
4
5
6
7
8
9
10
11
12
13
14
15

Profile der Berlir

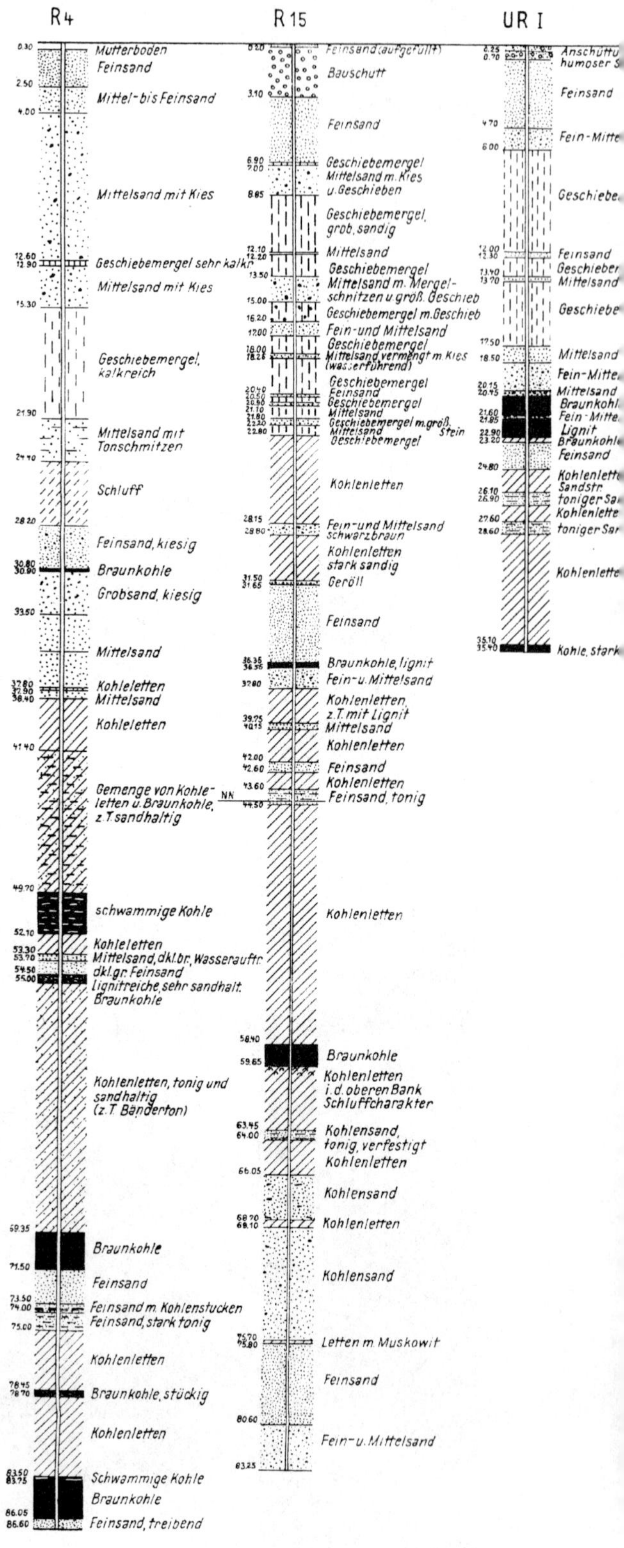

·aunkohlenbohrungen

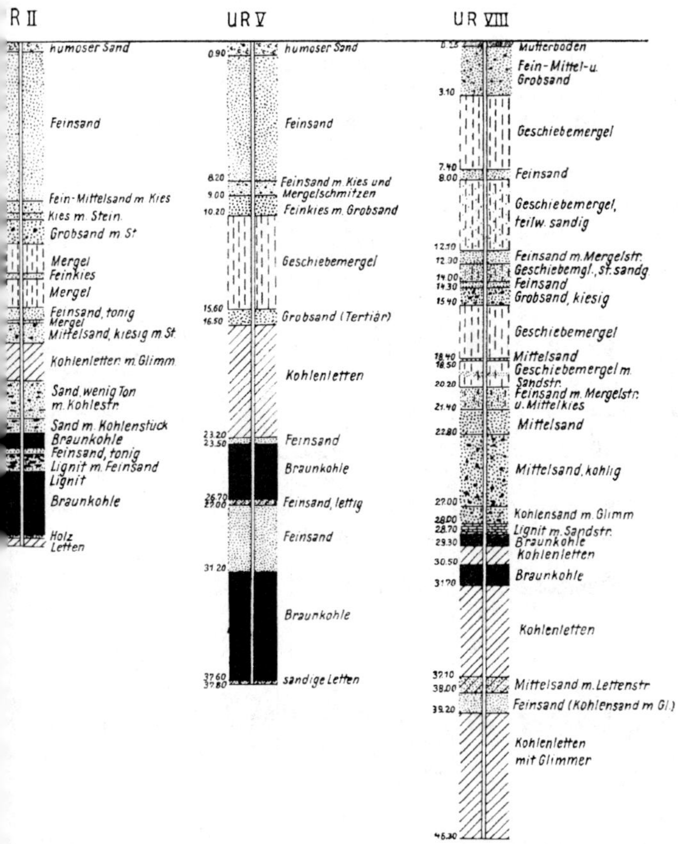

Graphische Darstellung einiger Berliner, Lausitzer und Mecklenburger Braunkohlenschichten

Pollendiagramme

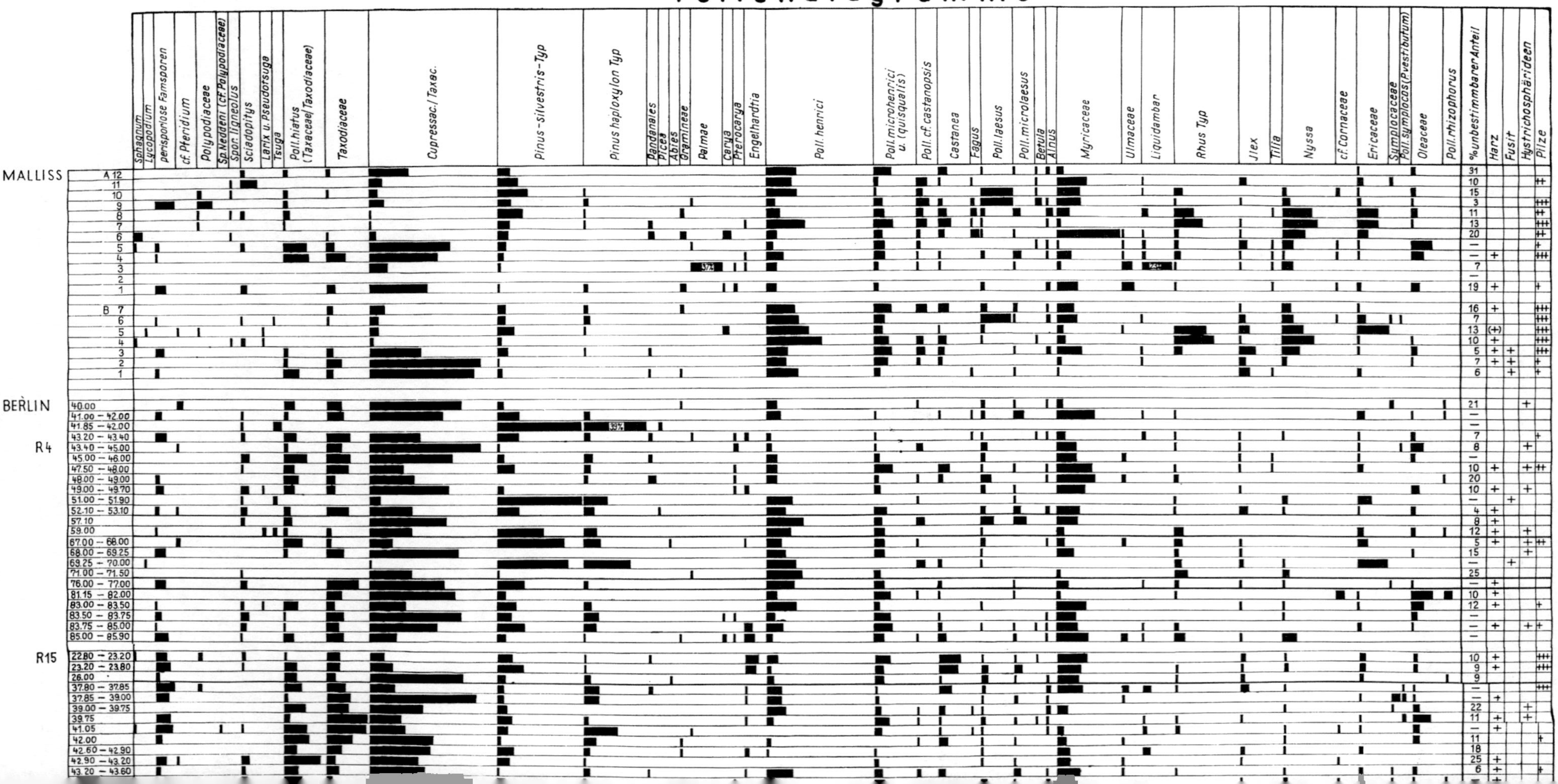

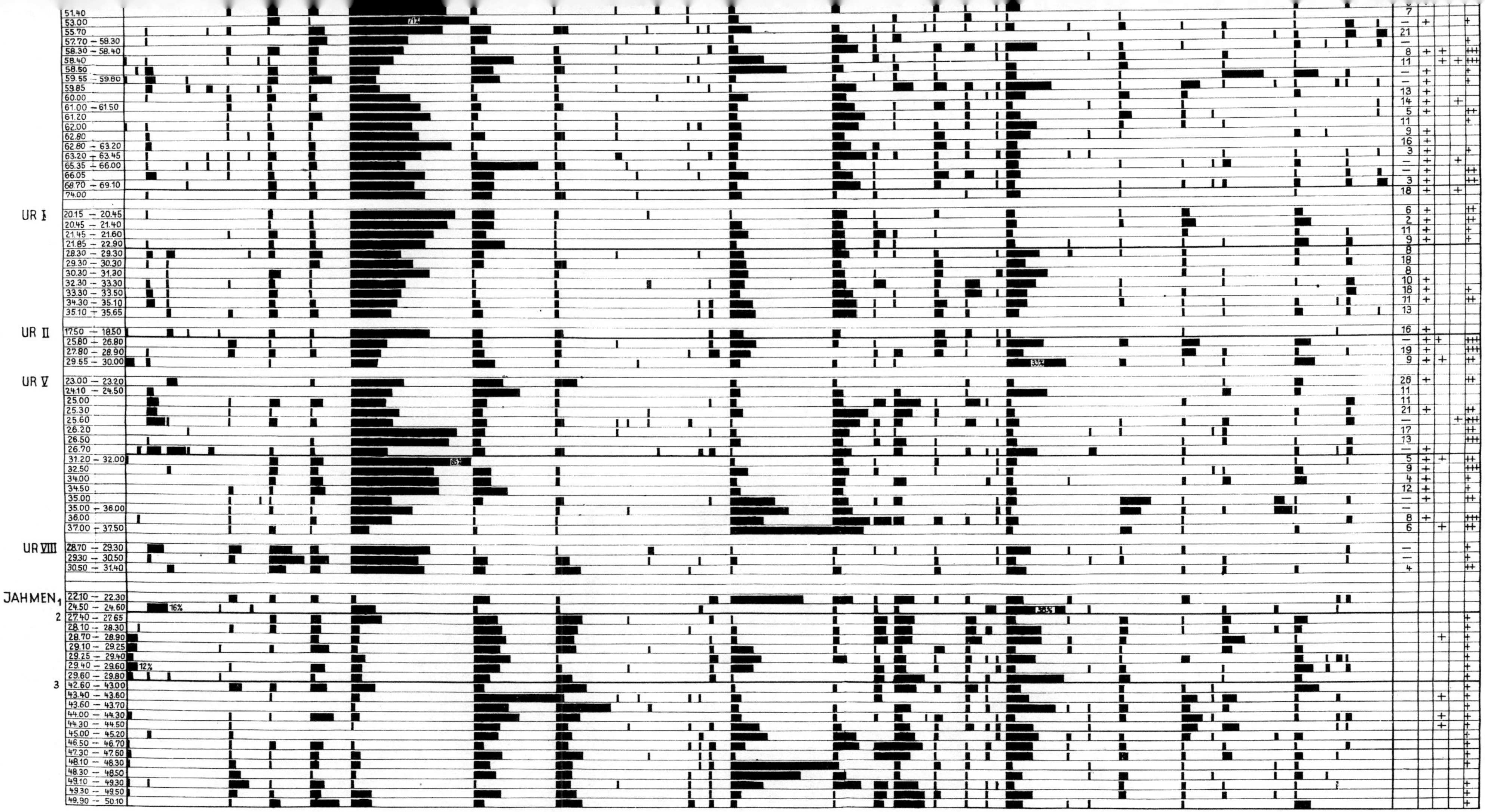

51.40
53.00
55.70
57.70 – 58.30
58.30 – 58.40
58.40
58.50
59.55 – 59.60
59.85
60.00
61.00 – 61.50
61.20
62.00
62.80
62.80 – 63.20
63.20 – 63.45
65.35 – 66.00
66.05
68.70 – 69.10
74.00
UR I
20.15 – 20.45
20.45 – 21.40
21.45 – 21.60
21.85 – 22.90
28.30 – 29.30
29.30 – 30.30
30.30 – 31.30
32.30 – 33.30
33.30 – 33.50
34.30 – 35.10
35.10 – 35.65
UR II
17.50 – 18.50
25.80 – 26.80
27.80 – 28.90
29.55 – 30.00
UR V
23.00 – 23.20
24.10 – 24.50
25.00
25.30
25.60
26.20
26.50
26.70
31.20 – 32.00
32.50
34.00
34.50
35.00
35.00 – 36.00
36.00
37.00 – 37.50
UR VIII
28.70 – 29.30
29.30 – 30.50
30.50 – 31.40
JAHMEN 1
22.10 – 22.30
24.50 – 24.60
2
27.40 – 27.65
28.10 – 28.30
28.70 – 28.90
29.10 – 29.25
29.25 – 29.40
29.40 – 29.60
29.60 – 29.80
3
42.60 – 43.00
43.40 – 43.60
43.60 – 43.70
44.00 – 44.30
44.30 – 44.50
45.00 – 45.20
46.50 – 46.70
47.30 – 47.60
48.10 – 48.30
48.30 – 48.50
49.10 – 49.30
49.30 – 49.50
49.90 – 50.10
16%
12%

WINFRIED und RENATE REMY

Die Sporen von Dictyothalamus schrollianus Göppert

JEANNE DOUBINGER und WINFRIED REMY

Bemerkungen über Odontopteris subcrenulata Rost und Odontopteris lingulata Göppert

2 Arbeiten in einem Heft

(Abhandlungen der Deutschen Akademie der Wissenschaften zu Berlin, Klasse für Chemie, Geologie und Biologie, Jahrgang 1958, Nr. 5)

1958. 14 Seiten — 30 Abbildungen, davon 26 auf 5 Tafeln — 4° — DM 4,70

In der ersten Arbeit wird die schon lange bekannte, aber in ihrer Deutung unklare Fruktifikation Dictyothalamus näher untersucht. Da ganz eindeutig Sporen mit Luftsack herausmazeriert wurden, ist der Beweis, daß es sich um eine männliche Gymnospermenfruktifikation handelt, gegeben. Die engere systematische Stellung deutet zu den Pteridospermen, die Belaubung wird zur Kunstgruppe Sphenopteris gehören.

Die Verfasser der zweiten Arbeit behandeln die in der Literatur häufig genannten Odontopteris subcrenulata Rost an Hand des deutschen und französischen Materials. Dabei hat sich herausgestellt, daß die eigentliche Odontopteris subcrenulata Rost mehr oder weniger auf das Wettin-Löbejüner Stefan beschränkt ist und in Frankreich nur vereinzelt vorkommt. Die Verschmelzung mit der lingulata Göppert ist hauptsächlich im Saar-Rotliegenden verbreitet und im übrigen eine Rotliegend-Charakterform.

Bestellungen durch eine Buchhandlung erbeten

A K A D E M I E · V E R L A G · B E R L I N

FSC
www.fsc.org
MIX
Papier | Fördert gute Waldnutzung
FSC® C083411

Zeitfracht Medien GmbH
Ferdinand-Jühlke-Straße 7
99095 Erfurt, Deutschland
produktsicherheit@kolibri360.de